彩图1　未处理粪便

彩图2　未处理养殖污水

彩图3　肉鸡层叠式笼养

彩图4　肉鸭发酵床养殖

彩图5　养殖场绿化效果图

彩图6　"种—养"结合型模式

彩图 7　猪粪肥施肥机器施肥还田（美国）

彩图 8　发酵床养猪

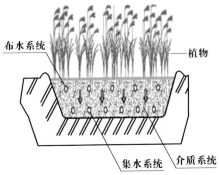

彩图 9　垂直潜流人工湿地剖面图

彩图 10　复合式折流板反应器

彩图 11　有害气体监测

彩图 12　实时监测

彩图 13　沼气罐搪瓷钢板

彩图 14　大型养鸡场沼气工程 lipp 发酵罐

彩图 15　半地上式中小型沼气工程

彩图 16　双膜沼气贮气柜

彩图 17　沼液无土栽培

彩图 18　发酵床养鸡

彩图 19　机械清粪工艺

彩图 20　处理病死猪尸体的生物发酵池

彩图 21　堆肥发酵仓

彩图 22　塑料滚筒式病死猪生物降解系统

彩图 23　干湿式化尸池

彩图 24　病死猪化制机

彩图 25　病死猪焚尸炉

高效养殖致富
直通车

畜禽养殖污染防治新技术

主　编　王月明　魏祥法

副主编　刘雪兰　井庆川　张　燕

参　编　江丽华　王艳芹　成建国　石天虹　阎佩佩

　　　　刘瑞亭　王　文　周开锋　成海建　魏　巍

　　　　杨景晁　姚　利　付龙云　杨　岩　王　梅

机械工业出版社

本书详细介绍了我国畜禽养殖业的污染现状，分析了养殖业污染的原因，介绍了国内外养殖环境污染防治的经验、新技术，养殖环境的产前、产中、产后的控制措施，以及养殖废弃物无害化处理与资源化利用新技术。本书共六章，分别是畜禽养殖环境污染防治现状、养殖环境控制、养殖环境防治新技术、养殖场沼气建设新技术、有机肥生产新技术和病死畜禽无害化处理新技术。

本书理论密切联系实际、内容新颖、图文并茂、全面系统、重点突出、操作性强，适于养殖场饲养人员、技术人员和管理人员，有机肥厂技术人员和管理人员使用，也可以作为大专、中专学校和养殖培训的辅助教材及参考书。

图书在版编目（CIP）数据

畜禽养殖污染防治新技术/王月明，魏祥法主编. —北京：机械工业出版社，2016.12

（高效养殖致富直通车）

ISBN 978 - 7 - 111 - 55454 - 7

Ⅰ.①畜⋯　Ⅱ.①王⋯②魏⋯　Ⅲ.①畜禽 - 养殖 - 污染防治
Ⅳ.①X713

中国版本图书馆 CIP 数据核字（2016）第 279164 号

机械工业出版社（北京市百万庄大街22号　邮政编码100037）
策划编辑：郎　峰　周晓伟　责任编辑：郎　峰　周晓伟
责任校对：樊钟英　　　　　　责任印制：常天培
北京圣夫亚美印刷有限公司印刷
2017 年 1 月第 1 版第 1 次印刷
140mm × 203mm · 7.875 印张 · 2 插页 · 221 千字
0001—3000 册
标准书号：ISBN 978 - 7 - 111 - 55454 - 7
定价：25.00 元

凡购本书，如有缺页、倒页、脱页，由本社发行部调换
电话服务　　　　　　　　　　　网络服务
服务咨询热线：010 - 88361066　机 工 官 网：www.cmpbook.com
读者购书热线：010 - 68326294　机 工 官 博：weibo.com/cmp1952
　　　　　　　010 - 88379203　金 书 网：www.golden - book.com
封面无防伪标均为盗版　　　　　教育服务网：www.cmpedu.com

前　言

　　畜禽养殖业已经成为我国农业经济的重要支柱产业。畜禽养殖方式逐渐由传统的散户饲养向规模化饲养方式发展，由粗放型经营向集约型经营方向转变。集约化的养殖方式必须与适宜的养殖环境相配套，否则，疫情一旦爆发，高密度养殖模式所遭受的经济损失将更为惨重。因此，养殖环境对畜禽健康、疫情预防和减少疫病的发生起着极为关键的作用。合理的环境控制技术能使动物获得适宜的温度、湿度，避免热应激和冷应激的出现，并及时排除有害气体、灰尘和微生物，改善畜禽舍的空气质量，有效预防疫病的发生和流行，使畜禽养殖可持续发展，废弃物合理利用，生态环境得到保护。

　　长期以来，我国农业一直依靠传统的农耕方式及畜禽家庭散养模式，在人们的观念中，养殖业发展不仅不会危害环境，而且还为农田提供优质肥料。然而，随着规模化养殖场、养殖小区等专业养殖场（户）不断发展，养殖业环境污染问题越来越明显。很多规模化养殖场、养殖小区忙于生产、忙于疾病防控、忙于销售而忽略了治污过程。为改变我国畜禽养殖污染防治现状，提高畜禽养殖污染防治水平，我们组织了大量具有丰富经验的专家和学者编写了本书。本书详细介绍了我国畜禽养殖业的污染现状，分析了养殖业污染的原因，介绍了国内外养殖环境污染防治的经验、新技术，养殖环境的产前、产中、产后的控制措施，以及养殖废弃物无害化处理及资源化利用新技术。本书理论密切联系实际、内容新颖、图文并茂、全面系统、重点突出、操作性强，适于养殖场饲养人员、技术人员和管理人员，有机肥厂的技术人员和管理人员使用，也可以作为大专、中专学校和养殖培训的辅助教材及参考书。

本书在编写过程中引用和参考了相关书籍和资料，在此对所引用书籍和资料的原作者表示衷心的感谢。

由于作者水平有限，书中难免有疏漏和不妥之处，恳请读者批评指正。

编　者

目　录

前言

第一章　畜禽养殖环境污染防治现状

第一节　养殖对环境的
　　　　影响 ……………… 1
一、养殖业发展现状 ……… 1
二、养殖业对环境的
　　污染 ……………… 2
三、我国养殖业污染防治
　　现状 ……………… 5
第二节　养殖环境污染的
　　　　原因 …………… 7
一、养殖业布局不合理 …… 7
二、污染物排放量大 ……… 8
三、生产方式粗放低效 …… 9
四、科技创新支撑
　　能力弱 …………… 10
五、管理机制体制
　　不完善 …………… 13
第三节　国内养殖环境污染
　　　　防治经验 ……… 16

一、我国畜禽养殖业污染
　　防治发展阶段 ……… 16
二、我国畜禽养殖业污染
　　防治管理 ………… 16
第四节　国外养殖环境污染
　　　　防治经验和启示 … 21
一、国外畜禽养殖业污染
　　防治经验 ………… 21
二、发达国家养殖业污染
　　防治的启示 ……… 23
第五节　养殖环境污染防治
　　　　新技术研究 …… 25
一、产前预防 …………… 25
二、产中减排技术 ……… 26
三、产后治理新技术 …… 30

第二章　养殖环境控制

第一节　产前环境控制 …… 36
一、场址的选择 ………… 36
二、养殖场的布局（以
养鸡场为例）……… 38
三、养殖场绿化 ……… 40
四、配套隔离设施 ……… 43
五、按标准化要求生产 … 44
第二节　产中环境控制 …… 45
一、温度 ……………… 45
二、湿度 ……………… 47
三、气流 ……………… 49
第三节　畜禽舍空气中的
有害气体控制 …… 50
一、有害气体的种类 …… 50
二、有害气体的危害 …… 52
三、消除鸡舍有害气体的
措施 …………… 52
第四节　畜禽舍空气中微粒、微生
物和噪声的控制 …… 54
一、微粒 ……………… 54
二、微生物 …………… 55
三、噪声 ……………… 59

第三章　养殖环境防治新技术

第一节　养鸡场粪污处理
新技术 ………… 60
一、废弃物资源化利用 … 60
二、生态养殖发酵处理 …… 69
三、粪污处理的注意
事项 …………… 72
第二节　养猪场粪污处理
新技术 ………… 73
一、养猪粪直接返田 …… 73
二、高温堆肥处理 ……… 75
三、机械烘干处理 ……… 76
四、沼气发酵 …………… 77
五、发酵床养猪原位消纳
粪污工艺 ……… 78
第三节　养牛场粪污处理
新技术 ………… 79
一、养牛场粪污清理
方式 …………… 79
二、养牛场粪污处理
方法 …………… 79
第四节　养殖污水的处理与
利用新技术 ……… 89
一、养殖废水预处理 …… 90
二、还田处理 …………… 90
三、自然处理 …………… 91
四、工业处理 …………… 97
第五节　养殖场环境监测 … 105

一、环境监测的目的和
　　任务 ……………… 105

二、环境监测的内容与
　　实用方法…………… 106

第四章　养殖场沼气建设新技术

第一节　养殖场沼气发酵工艺
　　主要类型 ………… 119
一、养殖场沼气工程主要
　　工艺类型 ………… 119
二、低固体沼气工程
　　工艺类型 ………… 121
三、高固体沼气工程
　　工艺类型 ………… 130
第二节　养殖场大（特大）型沼气
　　工程建设新技术 … 134
一、发酵罐建设新技术…… 134
二、沼气净化提纯新
　　技术 ……………… 137
第三节　养殖场中小型沼气
　　工程建设新技术 … 138

一、适用的养殖规模 … 138
二、建设方式 ………… 139
三、池型选择………… 141
四、建设技术 ………… 143
第四节　养殖场沼气工程运行
　　维护与管理 ……… 144
一、养殖场沼气工程设备
　　维护 ……………… 144
二、养殖场沼气工程
　　运行管理 ………… 149
第五节　"三沼"综合利用
　　新技术 …………… 155
一、沼气的综合利用 … 155
二、沼渣与沼液的综合
　　利用 ……………… 156

第五章　有机肥生产新技术

第一节　鸡场粪污有机肥
　　生产新技术 ……… 162
一、粪污的收集 ……… 162
二、粪污的发酵技术 … 165
三、鸡粪有机肥生产技术 … 167
第二节　猪场粪污有机肥
　　生产新技术 ……… 173
一、粪污的收集 ……… 173

二、粪污发酵技术 …… 177
三、猪粪有机肥生产
　　技术 ……………… 180
第三节　牛场粪污有机肥
　　生产新技术 ……… 183
一、粪污的收集 ……… 183
二、粪污发酵技术 …… 185
三、牛粪有机肥生产技术 … 189

第六章　病死畜禽无害化处理新技术

第一节　生物发酵池处理

技术 …………… 195

一、生物发酵池的设计

建造 ………… 195

二、发酵原料的制作 …… 195

三、病死猪发酵处理 …… 196

第二节　生物降解处理

技术 …………… 196

一、高温生物降解处理

技术 ………… 196

二、堆肥法生物降解处理

技术 ………… 199

三、病死猪滚筒式生物

降解模式 ……… 203

四、病死猪高温生物无害化

处理一体机 …… 205

第三节　化尸池处理技术 … 207

一、池址选择 ………… 207

二、化尸池的建设 ……… 207

三、效果评价 ………… 209

第四节　化制机处理技术 … 210

一、工艺原理 ………… 210

二、化制工艺流程 ……… 210

三、效果评价 ………… 211

第五节　焚尸炉处理技术 … 211

一、无害化焚尸炉工艺

流程 ………… 212

二、设施建设与运行 …… 212

三、效果评价 ………… 213

第六节　掩埋深坑处理

技术 …………… 213

一、操作方法 ………… 213

二、掩埋地选址 ……… 214

三、设施建设与运行 …… 214

四、效果评价 ………… 214

附录

附录 A　养殖环境污染防治

政策 ………… 215

附录 B　畜禽养殖业污染防治

技术规范 ……… 219

附录 C　畜禽规模养殖污染

防治条例 ……… 224

附录 D　病死动物无害化处理

技术规范 ……… 230

参考文献

畜禽养殖环境污染防治现状

畜禽养殖业在给人们提供大量肉、蛋、奶的同时也产生了大量的废弃物，尤其是改革开放以来，由于大量规模化养殖场、养殖小区和养殖村出现，大量畜禽粪尿和污水无法得到有效处理和利用，远远超过周围农田的消纳能力，肆意排放至河流、沟渠和土地，对水体和土壤产生严重的污染；散发的恶臭气体，对附近空气产生严重的污染；滋生的蚊蝇对附近居民的日常生活也产生影响。在过去相当长的时间内，对畜禽养殖业存在重发展、轻环保的意识，致使畜禽养殖配套的粪污处理工艺相对落后、处理设施相对不足，从而造成环境污染；再加上粪污处理需要较大的投资、较高的运行成本及较复杂的技术，养殖业主不愿投入或投入不足，加剧了畜禽养殖环境的污染，畜禽养殖业已成为我国主要污染源之一。

第一节 养殖对环境的影响

畜禽养殖已经逐渐成为农业中的一个支柱型行业，为农业农村经济的持续健康发展做出了重大贡献。随着我国城镇化建设步伐的加快和城镇居民的增加，居民对肉、蛋、奶和水产品的需求将进一步增加，养殖业仍需在较长时期内扩大养殖数量。

一 养殖业发展现状

养殖业是现代农业的发展标志，近些年，我国养殖业发展得非常迅速。从中国人均占有情况看，肉、蛋、奶有了很大提高，除了奶以外，肉类和禽蛋已接近世界水平，肉类已经高于亚洲水平。生产格局朝几个重要区域集中，生猪集中在我国长江、中原、东北地区，存栏量占到了百分之七八十；肉牛集中在东北等地区，大概占全国肉牛总量的60%以上；奶牛主要集中在东北、华北地区大中城市的郊区，其中河北、内蒙古、黑龙江三个地方比较多；禽蛋集中在七个主产省，大概占到全国禽蛋总量的72%。养殖业虽然快速发展，但还是面临很多问题：一是生产规模小，养殖非常分散。二是品种问题，1985年开始，我国引进国外养殖品种发展菜篮子产品，至今畜牧养殖没有形成一个自己的种群，几乎都依靠进口，如生猪有三个品种都是从国外引进的，行业没重视国内品种的繁育，对我国的品种保护和发展非常不利。三是质量问题，将三聚氰胺掺进奶中的主要原因是我国乳制品蛋白质含量低，很多地方以养肉牛的方式养奶牛，蛋白质的含量很难达到标准，奶业加工企业要退货，这种情况下就出现了造假行为；另外，关于猪的养殖，普遍反映猪肉吃起来不香，就是由于过快饲养，肌间脂肪在肌肉中蓄积量不够，五星级酒店有相当一部分牛排是进口的，国内很多牛肉不能形成大理石花纹，原因在于精饲料等问题上。四是污染问题，养殖的长期污染问题没有得到根本解决。国家通过沼气建设和规模化饲养并没有完全解决粪便排污问题。有数据预测，我国每年产生近20亿t的粪污量，相当于粮食产量的3倍，如果雾化去掉水分也有7亿t左右。

二 养殖业对环境的污染

养殖业迅速增长的同时伴随着养殖废弃物产生量的大幅度增加。养殖废弃物排放的迅猛增加给环境带来了沉重的压力。畜禽养殖场大多集中在城市周边，产生的大量高负荷、难处理的畜禽污水和粪便成为水体和土壤的重要污染源。2013年全国环境统计公报数据显示，我国化学需氧量排放总量和氨氮排放总量分别为2352.7万t和245.7万t，其中农业源化学需氧量排放量和氨氮排放量分别为1125.7万t和77.9万t，是工业化学需氧量排放量和氨氮排放量的3.52倍和3.15倍。畜禽养殖业污染是农业源污染的主要影响因素之一，如何将畜禽粪污减量化、无害化及资源化利用成为我国亟须解决的问题。

1. 对土壤的污染

畜禽废弃物对土壤的影响包括粪便还田和粪便堆放储存两个阶段。

（1）粪便还田　农田利用是消纳和处理畜禽粪便最为常用的方式之一，合理的畜禽粪便还田对改善土壤是有利的。畜禽粪便营养丰富，原粪中除含有大量有机质、氮、磷、钾及微量元素外，还含有各种生物酶（来自畜禽消化道、植物性饲料和胃肠道）和微生物。畜禽粪便施入农田后，有机物等在微生物的作用下分解为二氧化碳、水及小分子物质，其中有效态的营养成分很快被作物吸收和利用，其他有机物在微生物的作用下缓慢分解和转化，表现出缓释肥料的特性，尤其是腐殖质能提高土壤中有机质的含量，改善土壤结构。

（2）粪便堆放储存　畜禽粪便不易直接还田，而是通过堆肥发酵后还田利用。新鲜畜禽粪便中含有病原微生物、寄生虫及杂草种子等，将其直接施用到农田后会对环境造成污染。此外，粪便中的有机质在被土壤微生物降解过程中产生热量、氨和硫化氢等，对植物根系不利，还有可能造成恶臭和病原菌污染。堆肥不但能够有效杀死畜禽粪便中的病原微生物、寄生虫及杂草种子等，而且能有效提高堆肥中的腐殖酸及有效态氮、磷、钾等元素的含量，更容易被植物吸收和利用。因此，畜禽粪便经过腐熟和无害化处理后方可施用。但目前我国畜禽粪便大部分都是直接施用，其方式虽然简单，但对环境及人类健康存在着潜在的威胁。

2. 对水体的污染

目前，我国畜禽养殖粪污处理设施相对不足，大量的养殖污水没有能够实现达标排放。养殖污水中含有大量的氮、磷，以及兽药和微生物，被排放进入河流、湖泊等水体后，对地表水、地下水造成污染，是许多河流水质下降、湖泊富营养化的"罪魁祸首"之一。

对于水体，主要的威胁来自畜禽粪便和污水中的有机物、硝态氮和磷元素。畜禽污水中的氮主要以铵态氮形式存在，排到环境中后很快在微生物的作用下通过硝化反应转化成硝态氮。硝态氮作为阴离子，不容易被土壤吸附，很容易以径流和淋溶的方式流失，污染地表水和地下水。地下水硝态氮含量高会对饮用水安全造成危害，而且在一定条件，地下水可能渗入地表水，引起藻类疯狂生长、水体缺氧及鱼类死亡等水体富营养化现象。磷元素相对稳定，一般不会随粪污径流进入环境水体，但在一定条件下仍然会进入土壤中造成土壤磷饱和，从而导致磷元素随水流失，进入水体造成水体富营养化。

此外，畜禽粪便和污水中有大量的病毒、致病菌及寄生虫卵等，如果处理不当，这些病原体容易进入环境中，有可能造成人畜之间的传播，对人类的健康构成威胁。

3. 对大气的污染

畜禽粪便和污水再处理和利用过程中会产生碳、氮等元素的气体污染物，对空气质量有很大影响。畜禽粪便尤其是液体粪便还田后，极易导致氨气的挥发，而氨气是造成酸雨的原因之一。国外有文献报道，规模畜禽场密集地区的植物种类和密度相对降低，主要原因之一就是畜禽场周围氨气浓度较大，污染了植物生长的环境。氨气的酸化过程可能会导致铝元素进入环境，从而导致鱼类中毒，干扰植物对营养元素的吸收。除此之外，氨气的挥发和排放导致环境中氮元素含量增加，不但容易引起水体富营养化，而且很可能导致环境中氮平衡被打破，甚至影响生态的平衡。

氧化亚氮和甲烷是畜禽养殖场排放的主要气体污染物，其与二氧化碳相似，都属于温室气体，对臭氧层有破坏作用。规模化养殖场的粪污将会排放大量二氧化碳、氧化亚氮和甲烷等温室气体，根据有关数据，畜牧业温室气体排放量占全球总排放量的18%，其对全球气候变暖带来的影响已经日益引起社会的广泛关注。

畜禽养殖场粪污会产生高浓度的恶臭污染物，主要来自畜禽粪污堆肥和处理过程中粪便中有机物质的分解，主要成分是氨气和硫化氢，同时也包括其他如脂肪酸、有机酸、苯酚等几十种成分。恶臭气体浓度过高不但能导致动物应激，造成动物生产能力下降，还会影响饲养员的呼吸系统，从而对工作人员的身体健康造成威胁。另外，大量的恶臭气体将会严重污染周围居民的生活环境。有研究表明，年出栏 10 万头的猪场，每天可向大气排放菌体 360 亿个、氨气 381.6kg、硫化氢 348kg、粉尘 621.6kg。恶臭带来的环境影响已经成为制约畜禽养殖场进一步发展的主要瓶颈之一。

三 我国养殖业污染防治现状

1. 养殖业污染防治模式

传统的养殖业废弃物排放不当造成了严重的环境污染，为解决养殖业环境污染问题，我国开展了很多有意义的养殖业生态产业模式探索及示范，并取得了较好的成绩。这些养殖模式从养殖业污染物产生的源头、产生过程两方面削减、处理、综合利用养殖业废弃物，使养殖场污水、废弃物排放降到最低，取得了良好的环境效益。

目前，我国养殖业采用的污染防治模式主要有猪—沼—果（鱼）、猪—沼—（大棚）菜、鱼—桑—鸡等生态循环模式，沼气及沼气发电为主的废弃物处理及综合利用模式，生产有机肥、动物蛋白的畜禽粪便资源化利用模式。

1）猪—沼—果（鱼）模式是指户建 1 口沼气池，年出栏 3 ~ 5 头猪，种 1 ~ 2 亩⊖果树或建 1 个鱼池，用沼渣、沼液作为肥料或饲料投入果林或鱼池，形成小规模有机农业。

2）猪—沼—（大棚）菜模式是指户建 1 口 6 ~ 8m³ 沼气池，养 2 头以上的猪，配套约 1 亩的菜地或 0.8 亩的大棚，猪粪入池、沼肥种菜，以沼渣作为底肥，沼液作为追肥，通过沼液进行叶面喷施来抑虫防病，沼气可用作农户或大棚照明及取暖。

3）鱼—桑—鸡模式是指池塘内养鱼，塘四周种桑树，桑园内养鸡的生态养殖模式。鱼池淤泥及鸡粪作为桑树肥料，蚕蛹及桑叶喂鸡，蚕粪喂鱼。

4）沼气及沼气发电为主的废弃物处理及综合利用模式是指利用养殖场的沼气照明、消毒、取暖、做饭，或者利用沼气发电，供周围地区居民使用的一种方式。

5）生产有机肥、动物蛋白的畜禽粪便资源化利用模式是指利用

⊖　1 亩 ≈ 666.7m²。

畜禽粪便，添加一些秸秆，通过发酵制成有机肥、菌类培养料用于种植业，或者利用粪便中的蛋白质生产蚯蚓作为动物的饲料。这些技术在我国江西、浙江、江苏等地均有推广。

2. 养殖业污染防治技术

我国采用的主要治理技术有饲料管理（配方、限量等）技术、养殖场废弃物的处理（收集、存放）技术、养殖场废弃物的利用技术、屠宰场废弃物的收集和处理技术及新型发酵床养殖技术。

1）饲料管理（配方、限量等）技术主要是从饲料生产及利用方面出发，在生产时通过科学配方，生产无臭味、消化吸收好、增重快、磷及其他重金属排放少的饲料；饲料添加剂也采用无污染的微生态制剂、饲用酶制剂、中草药制剂、低聚糖、黄腐酸等；或者推广污染少、效率高、利于生产的秸秆饲料。

2）养殖场废弃物的处理（收集、存放）及利用技术主要是指将养殖场粪便通过干燥、堆肥、厌氧发酵等技术进行无害化处理，并将处理后的粪便等作为肥料使用。

3）屠宰场废弃物的收集和处理主要是指屠宰场污水处理技术，常见的屠宰场污水处理方法有好氧活性污泥法、好氧生物转盘技术、土地灌溉法、沉淀发酵池连续处理法、串联式生物滤池处理技术和厌氧消化法。

4）新型发酵床养殖技术也称生物环保养殖技术，就是利用新型生物发酵圈养殖，在垫料（锯末、稻壳、秸秆、米糠）中加入一定比例的微生物，与畜禽的排泄物混合并持续发酵，达到免冲和节能环保、提高效益的一种养殖方法。目前，此技术已被试用和推广到猪、鸡、鹅、鸭养殖场及其他需要保温除臭的动物饲养业。

3. 养殖业污染管理模式

（1）散养户——完全自我管理模式　散养户普遍存在生产设备老化、饲养管理粗放、工艺原始、技术落后，机械化、规模化程度低，缺乏积极防疫的意识，防疫隐患大，废弃物处理技术低、处理力度不大等问题。

（2）养殖小区——自我管理＋集中管理模式　养殖小区的管理模式和废弃物处理模式相对优于散养户，五个"统一"的管理模式保证了废弃物的有效处理。

（3）养殖专业村——集中管理模式　养殖专业村由于无统一规划，设计不规范，人畜混居、不同畜禽混养，再加上技术与管理跟不上，标准化生产程度低，一旦遇到大的疫病，人畜损失将非常惨重。尤其是没有充分考虑畜禽粪便的处理，致使粪便到处排放，污染非常严重，亟待重点规范。

（4）大规模养殖场（区）——自我管理模式＋国家管理模式　规模化生产布局有利于统一管理，在畜禽管理和废弃物处理方面要优于上述三种模式，但仍存在防疫程序不规范、防疫措施不到位、动物福利观念淡薄等问题。

4. 养殖业污染的治理模式比较

（1）生态循环模式　该模式治理废弃物效果明显，有效解决了农村畜禽养殖过程中的环境污染问题，能充分利用畜牧业各个生产环节的有机废弃物，实现了农村经济的可持续发展。整体而言，此模式具有广泛的适用性，能够在短期内覆盖全国。

（2）沼气及沼气发电　该模式已成为畜禽废弃物治理的一条重要途径，是实现生态农业，建设资源节约型、环境友好型社会主义新农村的有效途径。

（3）资源化利用模式　该模式中堆积有机肥可有效改善畜牧业废弃物污染状况，并且得到大量的用于种植业的养料；种植食用菌可以改良土壤，增加作物产量，实现废物利用，增值增效，良性循环，充分体现了循环经济生态农业的可持续发展。畜禽废弃物的资源化利用具有外部性，个体养殖户出于自身经济条件的考虑不愿意进行利用，只有在发达省份的富裕村，当地的财政进行补贴后才能实行。

第二节　养殖环境污染的原因

一　养殖业布局不合理

（1）"高密度"养殖区缺少消纳耕地　畜禽养殖在我国的分布

很不均衡。畜牧高度集约发展的地区，环境压力最大，污染的形势也最严峻。即便采取了科学的污染防治措施，畜禽养殖场经处理后排出的沼液、沼渣及其他废水尚需配套一定面积的人工湿地、耕地或河流环境容量。目前，我国有很多畜禽养殖场采用大型沼气工程的形式处理养殖场废弃物，而沼渣及沼液需要配套的农田、林地等消纳，但在养殖密度相对较高的区域，消纳土地非常缺少。

（2）"城郊型"养殖场污染城市环境　随着"菜篮子工程"的推进，大批规模化养殖场围绕大中型城市建立、发展起来，形成了"城郊型"养殖场。这些养殖场虽然在很大程度上为城市居民提供了大量的肉、蛋、奶，但由于没有足够的农业用地支撑、消纳其产生的粪便、尿液等废弃物，同时，由于污染处理工艺和资金投入参差不齐，畜禽养殖业所带来的环境污染也日益严重，有的甚至因解决不了环境污染问题而只能关闭。虽然工业经济发达地区具有资金和技术的明显优势，但发展集约化养殖业的饲料原料主要依赖异地调入，畜禽废弃物的循环利用更受土地约束。因此，从生态环境保护方面考虑，工业经济发达地区发展"密集型"养殖业在环境容量和废弃物综合利用方面存在很大缺陷。

二 污染物排放量大

（1）养殖污染物排放量较大　据我国第一次污染源普查结果显示，普查范围内我国畜禽养殖业粪便产生量达 2.43 亿 t、尿液产生量达 1.63 亿 t、化学需氧量排放量达 1268.26 万 t、总氮排放量达 102.48 万 t、总磷排放量达 16.04 万 t、铜排放量达 2397.23t 和锌排放量达 4756.94t。以化学需氧量为例，我国养殖业（畜禽及水产）化学需氧量排放总量为 1268.26 万 t，是我国化学需氧量排放总量的 43.71%，是我国工业废水化学需氧量排放量的 2.35 倍，是我国生活污水化学需氧量排放量的 1.19 倍。

（2）产品与产污关系失调　我国平均每头猪产肉量为 75.88kg，每头牛产肉量为 140.71kg，每只鸡产肉量为 1.5kg，将生猪、肉牛和肉鸡三类畜禽相比，肉牛生产单位肉产品产生的污染物最多，其次是肉鸡，最后是生猪。生产 1kg 牛肉产生 1763.91g 化学需氧量、

71.85g 总磷、434.23g 总氮；生产 1kg 鸡肉产生 756.00g 化学需氧量、90.22g 总磷、165.31g 总氮；而生产 1kg 猪肉产生 350.64g 化学需氧量、22.39g 总磷、59.40g 总氮。

（3）污染处理设施规模不能满足养殖规模发展需求　一些养殖场由于建设时间较早，建场初期设计的污染处理设备、处理规模已经不能满足养殖规模，造成相对严重的环境污染。调研发现，一些大规模养殖场在建场初期已设计配套良好的污染处理设施及养殖废弃物消纳林地、湿地、荒地，但由于养殖规模不断扩大，而污染处理设施及配套消纳土地难以满足日益发展的养殖规模需求，以致养殖场废水及粪便未完全处理便进入环境，造成周边地区环境污染。

三　生产方式粗放低效

（1）饲料利用不合理　最大限度地发挥畜禽生产性能是畜禽饲养者和饲料生产者共同追求的目标，但是，在饲料生产及畜禽养殖过程中，由于忽视了饲料中的有毒有害物质在畜禽体内的富集及消化不完全而排出的物质，严重影响了畜禽产品的质量，造成产品中有毒有害物质超标，同时严重影响周围环境，造成环境污染。近年来，我国畜禽养殖业所用的饲料中普遍使用高铜、高锌及砷制剂等易导致严重环境公害的饲料添加剂。微量元素添加剂多以无机形态添加到饲料中，使大量的微量元素排到环境中。一个万头猪场每年排放 4200kg 铜、1000kg 砷。饲料中重金属元素、矿物质、抗生素等添加剂的滥用，导致畜禽粪便中有毒物质含量增加，综合利用的难度加大。畜禽养殖业清洁生产水平的低下，导致养殖用水量和废水量的增加，粪便进入废水中又增加了废水的污染负荷和末端处理的难度，同时增加了粪肥利用的难度。治理难度的增大必然导致处理成本的增加，影响治理工作的整体推进。

（2）养殖业废弃物综合利用较差　目前，我国养殖场在粪便和尿液综合利用技术方面相对薄弱，仅少量养殖场应用相关配套技术，并获得了一定的经济效益，但整个行业的废弃物综合利用程度相对较低（见彩图 1、彩图 2 和图 1-1）。

图1-1　简单处理的粪便

> **【提示】** 虽然畜禽养殖业粪便、污水排入河流是一种污染，但从另一方面讲，这些污染物又是很好的有机肥料，如果利用得当且方式方法正确，将产生巨大的经济效益，不仅可以解决养殖业污染问题，也可增加其副产品的价值，可谓一举多得。

　　案例： 以养猪场为例，一个万头猪场每天产生 40～100t 污水，污水中化学需氧量最高达 20000mg/L，如果采用高效厌氧发酵沼气发电工艺，每天可以产生沼气 900～2200m³，发电 900～2200kW·h，是可再生能源的重要来源之一。同时，养殖场排放的粪便和尿液中含有的大量氮、磷，是很好的有机肥料，若加以科学利用，可提高农产品的品质，减少农药及化肥施用量，有效提高农作物的经济效益。此外，牛粪也是很好的燃料，但目前开展该方面处理加工的养殖场相对较少，个别养殖场进行了粪便处理后，可燃烧牛粪甚至无市场。

四　科技创新支撑能力弱

　　（1）畜禽养殖污染物处理技术单一　目前，我国畜禽养殖场污染治理主要从两个方面入手：一是固体粪便的治理；二是尿液等废水的治理。我国畜禽养殖业主一般采用好氧堆肥技术处理固体畜禽粪便，同时有极少养殖场利用牛粪种植食用菌、养殖蚯蚓等。总体而言，畜禽粪便处理方式比较单一，由于机械好氧堆肥处理投资和运行成本较高，普通有机肥肥效较差，经济效益低，客观上影响了养殖业主处理并利用畜禽粪便的积极性。现有的畜禽养殖环境治理技术多源于工业废弃物治理，以畜禽养殖污水处理为例，其处理工艺比较单一，现有处理工程中厌氧技术多采用广泛用于酿酒行业中的升流式厌氧污泥床（UASB）或复合式厌氧流化床反应器（UBF），好氧技术多采用复合式厌氧流化床反应器（SBR）或循环式活性污泥法（CASS）。这些技术应用在高化学需氧量、高氮养殖污水处理上还存在一定的缺陷，主要表现在厌氧阶段铵态氮过高影响了厌氧菌的活性，好氧阶段碳氮比过低限制了好氧菌的去污效果，并且在污水厌氧—好氧处理工艺中需要消耗大量的电能，增加了处理成本。

此外，目前我国有些地区正在推广 EM 垫料发酵床养猪技术，该技术虽可实现养猪场污染物零排放，但仍处于探索研究阶段，并且垫料可用周期仅为 2 年，在部分潮湿地区，如广东，该技术推广较难。

（2）污染防治专业人才严重缺乏　据调查，个别大规模养殖场在建设污水处理设施时，并没有根据养殖业自身情况建设合适工艺的污水处理厂，有的甚至错误地采用了城镇生活污水处理设施、工艺，这大大增加了污水处理设施建设成本及运营成本，非常不科学。究其原因，主要是畜禽养殖业污染防治方面的专业人才太少，导致畜禽养殖企业采用了不恰当的污染处理方式，增加了不必要的资金投入及运营经费，浪费了资源。

此外，部分规模养殖场虽建设了污染处理设备，但由于运营期养殖场职工未能很好地管护污染处理设施，导致污染处理设备的处理能力下降，不能实现养殖场污水达标排放。

（3）缺少规模灵活、成本低的养殖业污染防治技术　目前，我国有大量的集中养殖区，这些集中养殖区的显著特点是每个养殖户的养殖规模较小，没有经济实力建设污染处理设施，而这些小规模的养殖户往往非常密集地分布在某个村庄，导致整个村庄的养殖户都直接将粪便等污染物排入附近河流，严重污染环境。我国尚无合适的污染处理工艺为这样的小规模养殖场服务。

（4）污染防治技术及综合利用专项研究投资薄弱　尽管目前我国畜禽养殖业污染越来越受到政府部门及科研单位的重视，但仍面临技术单一、人才缺少等问题，究其根源，是我国对养殖业污染防治技术专项研究的投入不够。各类官方报道中常有某地投资一定金额用于整治养殖业污染，但由于没有科学合理的技术支撑，投资建设的污染处理设施即使建成了，由于运行成本高，后期也很难发挥较好的作用，形同虚设。

> ➡ **【提示】** 养殖业所产生的污染物若妥善处置，就会是高效的资源。探索行之有效的养殖业污染物综合利用技术是解决我国养殖业环境污染问题的有效途径之一。

（5）污染防治意识较薄弱　我国养殖业污染防治不仅面临经济基础薄弱的问题，同时也面临意识薄弱这一主要问题。长期以来，我国农业一直依靠传统的农耕方式及家庭散养模式，在人们的观念中，养殖业发展不仅不会危害环境，而且还为农田提供优质肥料。然而，随着规模化养殖场、养殖小区等专业养殖场（户）的不断发展，养殖业环境污染问题越来越明显。很多规模化养殖场、养殖小区忙于生产、忙于疾病防控、忙于销售而忽略了治污过程，实际上已侵犯了周围居民享有健康、安全环境的权利，忽略了自己已经是生产的受害者。造成这一后果的主要原因是养殖场对自身生产过程造成的环境污染的认识不够，广大群众对养殖业造成的环境污染的认识也不够（见图1-2）。

- 生物安全意识淡薄
- 随大溜思想，生怕自己"吃亏"
- 大家不都是把病死鸡卖了吗?

病死鸡解剖

图1-2　病死鸡乱处理

养殖业环境污染防治意识薄弱的最主要原因是我国对养殖业污染防治的宣传教育不足。我国虽然逐渐开展了大量的环境保护教育宣传活动，但是在农村地区针对养殖业污染防治的教育宣传较少，以致养殖场（户）及广大群众对养殖业环境污染的危害、防治方面的知识知之甚少。养殖业主要分布在农村，养殖户文化水平较低，未接受过专业的教育培训，不能科学、合理地处置养殖业废弃物，加大了我国养殖业污染防治工作的难度。

<h2>五 管理机制体制不完善</h2>

1. 环境保护体系和法规标准有待完善

为了防治养殖业带来的环境污染问题，我国先后在《中华人民共和国环境保护法》《中华人民共和国大气污染防治法》《中华人民共和国农业法》等法律法规中对养殖业环境污染防治做出了相应规定，并提倡采用污染排放较小的循环经济养殖模式。上述法律法规的颁布实施，在一定程度上控制了养殖业的污染排放，但是我国不同类型、不同大小的养殖场、养殖小区及养殖户数量繁多，这套法律法规及标准体系尚有待完善。其原因主要有以下5点：

（1）养殖业污染防治的监督管理人员较少　我国的环境污染防治监督管理基层部门多集中在区（县）环保局，并且负责管理污染防治的人员较少，特别是养殖业环境污染防治专职人员较少，很多地区是兼职管理，一个管理人员既要负责监督管理工业污染排放，又要监督管理农业污染排放，因此，难以顾及监督管理辖区内所有养殖场。以规模养殖场环境影响评价为例，2002年国家环境保护总局（现为环境保护部）便要求各地开展畜禽养殖污染防治工作，其中之一即是要去规模养殖场开展环境影响评价，并对已建规模养殖场实施排污收费等政策，控制养殖场污染排放。但是，我国有很多畜禽养殖场未进行环境影响评价，未批先建和建而不管的现象较多。

（2）缺乏养殖污染防治奖励政策　一些养殖场响应政策建设污水、粪便处理设施，但受营运成本及利润影响，养殖场未能直接从污染处理工作中受益，养殖场污染处理设施难以长期运营，污染排放问题不能从根本上得到解决。究其原因，是因为缺乏鼓励养殖场开展养殖污染防治的优惠政策。

（3）缺少对特种养殖、小规模养殖场、养殖小区及养殖户的污染防治管理法律及政策文件等　我国已颁布的法律法规及管理条例尚缺少针对特种养殖场、小规模畜禽养殖小区及养殖户污染防治措施及要求的相关规定，环境管理监督人员难以依靠现有的养殖污染防治法律法规及政策文件监督管理特种养殖、小规模养殖场、养殖小区及养殖户。

（4）养殖规模控制制度不完善　现有法律法规及管理条例等未对养殖场规模控制做出明确规定，而这些又与污染防治密切相关。养殖场的养殖规模、养殖场可利用消纳粪便污水的土地与环境污染防治有着非常密切的关系。国外的畜禽养殖粪便处理虽然也是以粪便还田为主，但都根据各自国家不同地区的土壤类型和种植结构具体规定了不同的饲养规模。例如，挪威、德国等国就规定了每公顷⊖土地不得超过的最大饲养数量为：牛3~9头，猪9~15头等。

（5）缺乏切实可行的分类监督管理体制　美国通过立法将养殖业划分为点源性污染和非点源性污染进行分类管理。而我国养殖业由于还处于发展阶段，目前畜禽养殖业大部分是以农户分散式饲养为主，其单户饲养规模较小，畜禽规模化养殖量仅占所有养殖总量的30%以下。虽然国家环境保护总局自2001年开始，陆续对规模化畜禽养殖场（指常年存栏量为500头以上的猪、3万羽以上的鸡和100头以上的牛的畜禽养殖场）颁布和实施了《畜禽养殖污染防治管理办法》、《畜禽养殖业污染物排放标准》和《畜禽养殖业污染防治技术规范》，但这些标准主要是针对规模化养殖户，规模化以下的农村面源污染的重要源头之一——分散养殖户成为被遗忘的角落。由于无法可依，很难对其进行环保规范管理。

2. 缺少污染源头控制的监督体系和奖惩措施

养殖业是关系到我国国计民生的重要行业之一，在部分地区还

⊖　1hm²（公顷）= 10^4 m²。

是支柱型产业和农民重要的经济来源，而且养殖业属于微利产业，无法承担高额的污染治理费用。因此，畜禽养殖业的发展与环境保护监督管理产生了矛盾，环境监督管理无法得到有效执行，进一步助长了畜禽养殖环境污染。

执行环境法规过程中缺乏有效的监督机制。对面源污染的控制需要源头控制的监督体系和相应机制。发达国家对各项农业环境技术标准执行情况的监督主要通过政府专项拨款，依托当地的农业科研和技术推广部门代行这一职能。我国目前无源头控制的监督体系和相应的奖惩措施，对养殖业不规范的生产、经营行为缺乏指导和监督。

养殖业污染防治管理缺乏相应的惠民政策。目前，我国为城市和规模以上的工业企业污染治理制定了许多优惠政策，如排污费返还、城市污水处理厂建设时征地低价或无偿使用，运行中免税、免排污费，规模以上工业企业污染治理设施建设还可以申请财政资金贷款贴息等，而农村各类环境污染治理却没有类似政策。由于农村污染治理的资金本来就匮乏，贷款授信程度低，建立收费机制困难，又缺少扶持政策，特别是养殖业环境保护治理方面的惠民政策缺失，导致养殖业污染治理基础设施建设和运营的市场机制难以建立。

3. 缺乏统一的行政管理机制与认证体系

机制、体系有待统一是我国农业环境保护工作中的普遍问题，不仅限于畜禽养殖业领域。20世纪90年代初，我国农业环境管理作为专门领域被规定为农业部门的职责，但国务院实行机构改革后，农业环保职能被划归环保部门统一管理。这种职能调整并没有像预期的那样理顺农村环保工作机制。目前，我国从中央到地方尚未建立起完整的农村环境保护工作体系和总体规划。环保部门偏重于工业和城市的环境管理，在农村环境保护方面缺乏有效的工作手段。农村环保工作缺乏长效管理机制和监管体系，许多很好的环境技术和管理政策都没有发挥应有的效果。例如，农村沼气建设"重前期建设，轻后期管理"的问题，使得许多沼气池提前报废，没有很好地发挥粪污治理作用。

第三节 国内养殖环境污染防治经验

一 我国畜禽养殖业污染防治发展阶段

20世纪80年代末，我国开始关注畜禽养殖业环境污染问题，畜禽养殖业环境污染治理大体经历了萌芽、初步认识、认识提高和综合治理四个阶段。2006年，国家环境保护总局联合国家发展和改革委员会等八部委发布了《关于加强农村环境保护工作的意见》，重点提出了规模化畜禽养殖污染防治是农村环境保护的重要内容；农业部制定的《全国农村沼气工程建设规划》中重点规划了规模化养殖场大型、中型沼气工程建设内容，畜禽养殖环境污染治理步入了一个全新的时代。

二 我国畜禽养殖业污染防治管理

2000年以来，我国专门针对畜禽养殖环境治理制定了有关标准，包括《畜禽养殖污染管理办法》《畜禽养殖业污染物排放标准》（GB 18596—2001）、《畜禽养殖业污染防治技术规范》（HJ/T 81—2001）和《畜禽粪便无害化处理技术规范》（NY/T 1168—2006）。由于这些标准在具体操作时难以实施，再加上畜禽养殖因市场影响导致的多变，标准在实际监督管理中无法操作。因此，现有法律法规虽然对畜禽养殖污染防治起到了一定的作用，但是不能满足我国畜禽养殖环境保护管理的要求，需要进一步修订和改进。

与此同时，政府部门启动和实施了相关项目，加大了对畜禽发展的资金支持。污染治理补贴项目主要有沼气工程、集约化畜禽养殖污染防治专项资金、标准化畜禽养殖小区试点、生猪和禽类标准化规模养殖项目和中央农村环保专项资金环境综合整治项目等。

1. 畜禽养殖业污染防治技术经验

我国畜禽养殖业的污染防治虽然在整体上存在问题，但是从立体农业、循环经济方面治理畜禽污染物已取得了一定的成功。

（1）畜禽粪便无害化处理技术　畜禽粪便的无害化主要指的是

畜禽养殖业污水的无害化处理，就是采用各种方法将污水所含有的污染物质分离出来，或者将其转换为无害和稳定的物质，从而使污水得以净化。现有污水处理技术按其作用原理的不同可分为物理法、化学法、物理化学法和生物处理法四类，其中生物方法应用较多，生物处理法又分自然生物处理法和工程生物处理法。

（2）畜禽粪便资源化利用技术　指通过饲料化技术等实现畜禽粪便的资源化利用，是粪便综合利用的重要途径。使用粪便作为饲料，就是充分利用饲料中剩余的各种有效成分和饲养过程中产生的有用成分。国外畜禽粪便饲料化已经商品化多年，我国畜禽粪便饲料化研究工作已经开展多年，现在已经有部分地区实现了商品化。

（3）肥料化技术　通过土地还原法——畜禽粪便还田、腐熟堆肥、生物处理等技术将畜禽粪便用作肥料，生产成本低，预期效益好，实现了再循环利用，有益于养殖业的发展。

（4）能源化技术　畜禽粪便中含有大量的能量，利用其发酵生产沼气不仅可以使畜禽粪便中的能量转化成可燃气体，还可避免粪尿的肥分损失。畜禽养殖场若有沼气，可用其取暖或给仔畜禽保暖，供工作人员洗澡，也可用于烘干粪便，而沼液和沼渣可用来灌溉农田和果园，提高农作物的产量，是一种"畜禽养殖—沼气—果菜粮"的绿色生态农业模式。这种方法体现了物质与能量多层次循环利用技术，实现了畜牧业无废物、无污染生产，具有明显的经济、社会和环境效益。

2. 畜禽养殖业污染防治经验分析

（1）南湖模式　近几年，在农业产业结构调整中，浙江省嘉兴市南湖区生猪养殖业发展迅速，已成为农业增产、农民增收的重要产业之一，但随之带来的畜禽粪便污水的大量排放严重污染了水质环境。面源污染问题已经成为影响南湖区可持续发展的一个突出问题。为此，南湖区全方位开展了农业面源污染整治，构建了农牧结合的"畜禽—肥料—作物""畜禽—沼气—作物"生态循环模式，把农业废弃物的减量化、无害化、资源化与种植业的"测土配方、肥药减量增效工程"有机统一起来，促进农业循环经济建设，农村环境质量得到全面改善。

南湖区在推广"猪—沼—果""猪—沼—菜""猪—沼—鱼"等已有生态循环利用模式的同时，加大科技投入力度，进一步研究探索生猪养殖污染治理的新方法、新途径，特别是在生物发酵床模式养殖等方面进行了成功的试验，走出了一条多样化生态养殖新路。同时，借鉴国内外先进地区经验，把畜禽养殖污染治理当作产业来抓，以股份制形式将全区各个畜粪收集处理中心组成有机联合体，实行标准化生产、专业化经营、市场化运作，对内统一生产标准、统一推广使用，对外统一品牌、统一销售，不仅解决了环保问题，同时找到了养殖业新的经济增长点。

（2）德青源全产业链蛋鸡粪污生态环保循环处理模式 北京德青源农业科技股份有限公司是全国最大的蛋鸡养殖企业，位于北京延庆的商品蛋鸡场饲养了 210 万只产蛋鸡和 90 万只蛋雏鸡，单栋鸡舍 10 万只，每日产蛋 100t，近 150 万枚。在粪污处理方面，德青源已实现全产业链蛋鸡粪污生态环保循环处理模式。公司已建造有日产沼气 19000 m^3 的沼气厂，利用沼气发电，每天发电量达 38000 kW·h，二期工程利用前一阶段所产生的沼液与玉米秸秆相结合进行二次发酵，再产生 1 万 m^3 沼气，将所产 1 万 m^3 的沼气进行纯化，纯化后的剩余沼气为 6000m^3 左右，随之再进一步提纯，提纯后的纯度达 97% 以上，可以达到家用燃气的标准，随后再加压至 40kg，灌装进罐车中，用罐车运送至附近村庄，将燃气直接注入村庄的气柜中，最后通过村庄已建好的管道进入村民家中，通过这种模式将养殖场所生产的沼气一方面用于发电，另一方面为附近村庄供应燃气之用。

另外，在发酵后所产生的沼液处理方面，德青源将其提供给附近村庄作为肥料用于种植葡萄、苹果、玉米等农作物，而且为了进一步推广沼液、沼渣的有机种植模式，德青源建造了占地面积 100 多亩的有机蔬菜及水果种植示范基地，用以培训农户如何通过沼液和沼渣来种植有机蔬菜和水果，帮助农户增加收益。

（3）改变传统饲养方式

1）本交笼养模式——德青源蛋鸡健康养殖新模式。本交笼养模式是指将动物公母混养在同一特殊笼具系统内，用动物本能自然交配代替人工授精的一种养殖模式。这种模式下，鸡粪集中在传送带上直接运输到鸡舍外进行集中处理。

该模式更符合成年蛋种鸡的生理特点，尊重动物生长繁育自然规律，有效提高蛋种鸡的动物福利，并且具有节水、节电、节约土地、生产效率高、经济效益好和环境污染面小等优点。

黄山德青源种禽有限公司位于安徽皖南地区，是目前亚洲单体规模最大的蛋种鸡生产基地，其实行的正是本交笼养健康养殖新模式，在推动健康养殖、保障食品安全方面取得了非常好的效果（见图1-3）。

图1-3　本交笼饲养模式

本交笼饲养模式这种符合动物福利、集约化、高效化、高质量的养殖方式，受到越来越多蛋种鸡企业的青睐。

2）肉鸡层叠式笼养。传统的肉鸡养殖模式主要有两种：一种是地面平养，即在鸡舍的地面上铺设5～10cm的垫料进行养殖或发酵床养殖；另一种是网上平养，这种方式是将肉鸡放在网床上进行饲养，由于减少了肉鸡直接与粪便及污染物的接触机会，使肉鸡的发病率大大降低，因而这种方式在各地得到了普遍的推广，并且在技术上渐趋成熟和完善。

而在近几年，一种更为先进的肉鸡养殖模式——层叠式笼养（见彩图3和图1-4）正在山东省大力发展。

图1-4　肉鸡层叠式笼养

笼养肉鸡可提高饲养密度，提高土地利用率，便于集约化生产，节省劳动力。笼养肉鸡的饲料利用率高，降低饲料成本。因为笼养肉鸡活动范围小，鸡群活动受到限制，减少了运动消耗，从而提高了料肉比。此种方式可提前两天出栏，缩短饲养周期，这主要是因为笼养肉鸡活动范围小，所消耗的能量少，生长速度相对较快。笼养肉鸡可降低疾病发病率，减少药物成本，提高肉鸡存活率，提高养殖收入，这主要是因为：笼养肉鸡活动范围是在笼子中，减少了因采食、饮水等活动形成挤压而造成的死亡；笼养肉鸡发病率低，死亡率自然就下降；笼养肉鸡饲养周期短两天，也降低了死亡概率。

> ◆【提示】因为笼养肉鸡与地面、粪便隔离（见图1-5），可有效地控制球虫病等肠道疾病的发生；节省垫料费用，肉仔鸡自始至终在笼内饲养，无须垫料支出。不用垫料，消除了细菌、微生物的滋生环境，降低了多种疾病发病的可能性；粪便日积日清，降低了鸡舍空气中的氨气、硫化氢等有害气体的含量，改善了鸡舍卫生环境，减轻了有害气体对呼吸道黏膜的不良刺激，降低了呼吸道疾病的发病率。

3）肉鸭发酵床养殖——山东养殖模式。在治理养殖污染方面，养殖大省山东省采取畜牧、环保部门共同管理和共同治理的方式，在肉鸭养殖上采取生产许可证方式，大力推广肉鸭发酵床养殖技术（见彩图4和图1-6）。

图1-5 粪便传送带

图1-6 肉鸭发酵床养殖

第四节 国外养殖环境污染防治经验和启示

一 国外畜禽养殖业污染防治经验

对于畜禽养殖业的污染防治，发达国家主要是通过立法管理和简单利用来限制污染物的排放，大体分为以美国、加拿大为代表的农田利用，以欧洲国家为代表的农田限养，以及以日本为代表的达标排放等。

（1）美国、加拿大模式——农田利用 美国主要通过严格细致的立法从源头防治养殖污染。立法将养殖业划分为点源性污染和非点源性污染进行分类管理。在1997年的《清洁水法》里将工厂化养殖业与工业和城市设施一样视为点源性污染，排放必须获得国家污染减排系统许可。明确规定超过一定规模的畜禽养殖场建场必须报批，获得环境许可，并严格执行国家环境政策法案。非点源性污染（散养户）主要通过采取国家、州和民间社团制订的污染防治计划、示范项目、推广良好农业规范、生产者的教育和培训等综合措施科学合理地利用养殖业废弃物。同时，美国十分注重利用农牧结合来化解养殖业的污染问题。养殖业规模决定着种植业结构的调整，种植业的面积反过来调节养殖数量，使得养殖业与种植业之间在饲草

第一章 畜禽养殖环境污染防治现状

饲料、农作物和肥料三个物质经济体系间相互促进、相互协调，养殖场的动物粪便通过输送管道或直接干燥固化成有机肥归还农田，既防止环境污染又提高土壤的肥力。

（2）欧洲模式——农田限养　20世纪90年代，欧盟各成员国通过了新的环境法，规定了每公顷动物单位（载畜量）标准、畜禽粪便废水用于农田的限量标准和动物福利（圈养家畜和家禽密度标准），鼓励进行粗放式畜牧养殖，限制养殖规模扩大，凡是遵守欧盟规定的牧民和养殖户都可获得养殖补贴。从1984年起，荷兰不再允许养殖户扩大经营规模，并通过立法规定每公顷2.5个畜单位的标准，超过该指标，农场主必须缴纳粪便费。为了让畜禽粪便与土地的消纳能力相适应，英国限制建立大型畜牧场，规定一个畜牧场最高动物数量限制指标为奶牛200头、肉牛1000头、种猪500头、肥猪3000头、绵羊1000只和蛋鸡7000只。德国规定畜禽粪便不经处理不得排入地下水源或地面。凡是与供应城市或公用饮水有关的区域，每公顷土地家畜的最大允许饲养量不得超过规定数量：牛3~9头、马3~9匹、羊18只、猪9~15头、鸡1900~3000只或鸭450只。

（3）日本、韩国模式——达标排放　20世纪70年代，日本养殖业造成的环境污染十分严重，此后日本便制定了《废弃物处理与消除法》《防止水污染法》和《恶臭防止法》等7部法律，对畜禽污染防治和管理做了明确规定。例如，《废弃物处理与消除法》规定，在城镇等人口密集地区，畜禽粪便必须经过处理。处理方法有发酵法、干燥或焚烧法、化学处理法、设施处理等。《防止水污染法》则规定了畜禽场污水排放标准，即畜禽场养殖规模达到一定的程度（养猪超过2000头、养牛超过800头、养马超过2000匹）时，排出的污水必须经过处理，并符合规定要求。《恶臭防治法》中规定畜禽粪便产生的腐臭气中8种污染物的浓度不得超过工业废气浓度。为防治养殖业污染，日本政府还实行了鼓励养殖企业保护环境的政策，即养殖场环保处理设施建设费的50%来自国家财政补贴，25%来自都、道、府、县，农户仅支付25%的建设费用和运行费用。

二 发达国家养殖业污染防治的启示

1. 管理法制化

世界上养殖业发达的国家都有较为完备的畜牧法典或畜牧业单行法，以此来促进当地养殖业的发展。从饲料、种畜禽、兽药（疫苗）生产，到饲养、加工、运输环节，都有法规可循，制定严格的畜牧屠宰和动物福利相关法律法规，疫病防治规范化，重视养殖业废物处理和环境保护，最后通过严格的认证制度，确保畜产品的质量安全。

2. 重视科研和新技术的运用

养殖业发达的国家，对养殖业相关的科学研究工作十分重视，不仅科学研究机构稳定、科研人员稳定，而且经费充足，研究手段先进，研究内容紧密结合生产。新西兰在南岛、北岛各有 2 个农业科学研究中心、6 个专门研究山地草原改良的草原研究站和 3 个土壤化验中心，新西兰政府每年为其提供充足的研究经费。澳大利亚的科研机构分中央和州两级，中央的联邦科学与工业研究组织（CSIRO）设 35 个研究单位；全国 6 个州，每个州都设有若干个研究中心重点研究畜牧业；联邦和州的研究机构都有装备完善的实验室和实验农场，广泛应用计算机、激光、红外线、同位素等先进技术设备，国家每年用于科研的经费相当充足。

3. 管理方法科学

发展优质高效养殖业，除了有好的品种和充足的饲料外，还要有一套以"低投入、高产出，取得最佳效益"为中心的科学管理方法。加拿大、澳大利亚和新西兰基本上都是按照市场经济要求，大力发展社会化分工，尽量降低成本。例如，围栏放牧在畜牧业发达的国家已普遍化和体系化，其功能和效用也很全面，构成了畜牧业管理的核心和基础，有利于草场的维护和改良。围栏既便于保护现有植被，又可封滩育草，使草场得以更新，增加牧草的覆盖度，避免风水的侵蚀，便于放牧管理；在围栏内实行划区轮牧，合理利用草场，充分挖掘草场潜力，提高单位面积的载畜量，避免牲畜无谓的体能消耗，同时防止疫病的传播，还可节省人力。

4. 财政上大力支持

养殖业发达的国家对养殖业的大力支持主要依靠以下 4 种投入：

（1）政府基础性投入　养殖业的发展与资源环境，科技、技术推广，以及市场体系的关系非常密切，世界上很多国家尤其是发达国家将草场资源的保护、畜牧科技与推广等作为支持畜牧业的重点内容。

（2）收入支持政策　为了迎合 WTO 农业协议的规定，很多成员纷纷调整各自的农业支持政策，其中从价格支持向收入支持政策转变是各成员改革的普遍趋势。

（3）价格支持政策　虽然价格支持政策受到 WTO 严格限制，但至今仍然是各成员支持农业的最普遍的政策措施之一。

（4）促销计划投入政策　为了使牧场迅速实现价值，很多国家在促进各种畜产品出口方面也做了很多工作，大力推进本国畜产品的出口。

5. 健全的社会服务体系

养殖业发达的国家畜牧业生产普遍实现了社会化服务。在生产经营上，以市场需求为导向，遇到问题找市场不找市长，找中介组织不找政府部门。尤其是各种行业协会和专业组织，主动为生产者提供产前、产中、产后的全面系统服务，注重养殖业信息化建设。在美国，有将近 500 万个农牧行业协会和专业组织，这些组织的职责范围主要是参与农牧业政策的制定，作为农牧业生产者的代言人；通过举办专业刊物、计算机联网等手段，为养殖业生产者提供各种信息；开展技术培训，大力推广先进的养殖生产新技术；举办评比和拍卖会，为生产者与经营者搭建交易平台；属地银行和保险部门为畜牧业生产者提供信贷支持和各种保险业务等。由于具备了完善的社会化服务体系，养殖业发达国家普遍采用了产业一体化经营模式。

6. 规模化经营

北美洲和大洋洲养殖业发达的国家由于养殖业的专业化、机械化、自动化程度都比较高，因而经营规模较大。加拿大一般饲养 300 头基础母畜的草牧场，面积可达 0.67 万 ~ 1.33 万 hm^2。澳大利亚以养牛、养羊为主及牛羊兼营的农场规模较大，如奶牛场的规模一般为150~200头，羊场的饲养量从数百只到数万只不等，约75%羊场的饲养量在2000只以上。新西兰有羊场2.44万个，奶牛场1.7万个，牧场经营的草场面积平均在300hm²以上，奶牛场的规模一般在200头左右，有些超过400头，羊场平均3000只。由于普遍实行的是区域化布局、专业化生产、规模化经营，不仅产品的质量好、数量大，经济效益也很高。加拿大养纯种牛的农户并不以数量求效益，而是以质量争市场、求效益。一头好的纯种奶牛可以卖几万加元甚至几十万加元，而质量差的只能卖几千加元。英国和法国超级市场出售的牛肉折合人民币约150元/kg，比我国同类产品的价格高出约3倍；羊腿肉一般在20欧元/kg，比我国同类产品的价格高出约3倍。

第五节　养殖环境污染防治新技术研究

随着畜禽养殖业的快速发展，畜禽养殖污染防治与综合利用已成为现代农业发展的重要内容之一，加强畜禽养殖污染防治与综合利用技术研究，促进生态畜禽养殖业健康科学发展是当前畜牧科研工作者的一项重要任务。

一　产前预防

发达国家对养殖场污染物的治理主要采用源头控制的对策，主要通过制定畜禽场农田最低配置（畜禽场饲养量必须与周边可消纳畜禽粪便的农田面积相匹配）、畜禽场化粪池容量、密封性等方面的规定进行。日本及欧洲大部分国家强制要求单位面积的养殖畜禽数量，使畜禽养殖数量与地表的植物及自净能力相适应。

借鉴国外的经验，我国在新建畜禽养殖场时应进行合理的规划，以环境容量来控制养殖场的总量规模，调整养殖场布局，划定禁养区、限养区和适养区，同时加强对新建场的严格审批制度，新建场一般都要设置隔离带或绿化带，并执行新建项目的环境影响评价制度和污染治理设施建设的"三同时"（养殖场建设应与污染物的综合利用、处理与处置同时设计、同时施工和同时投入使用）制度。另外，借鉴工业污染治理中的经验，从制定工艺标准、购买设备补贴及提高水价等方面推行节水型畜牧生产工艺，从源头上控制集约化养殖场污水量。

二 产中减排技术

1. 营养性环保技术措施

1）选用易消化、利用率高的饲料原料以减少动物排泄物与排泄物中营养物质的含量。

① 精确评定饲料原料营养物质的可利用性。将饲料原料营养物质的可利用性评定作为饲料利用的前提，依据饲料营养物质的可利用率来制订日粮配方，减少动物排泄物中养分的含量。

② 选用易消化的饲料原料。易消化的饲料原料可提高其消化率而减少动物废弃物的排泄。动物的种类、品种个体年龄和生理阶段及营养物质的存在形式都会影响饲料的消化率。动物性蛋白质的消化率比植物性蛋白质的消化率要高。反刍动物对粗纤维的利用率比单胃动物对粗纤维的利用率高得多。二价铁盐中铁的吸收率比三价铁盐中铁的吸收率高。磷酸一钙比磷酸三钙更易被生长猪消化利用。猪对锌的利用中，氧化锌比醋酸锌、碳酸锌、硫酸锌好。

③ 用有机微量元素取代无机微量元素，以降低微量元素的排放。微量元素是动物生长必不可少的营养素之一，人们为了追求某些元素在高剂量时的特殊生理作用（如高铜、高锌、高砷都有促进生长作用），使微量元素在饲料中的添加量越来越多，未被消化吸收而排出动物体外的部分也越来越多。有机微量元素在动物消化道中可以溶解，并且呈电中性，可以防止金属元素被吸附在阻碍元素吸收的不溶性胶体上，具有易吸收、效价高、添加量少、效果好，并且金属离子的排出量少的特点。例如，较低剂量的赖氨酸铜（100mg/kg）和蛋氨酸锌（250mg/kg）可以起相当于或高于高剂量硫酸铜（250mg/kg）和氧化锌（2000～3000mg/kg）的促生长作用，在仔猪日粮中添加50%的酪蛋白铜的促生长效果和添加0.025%的硫酸铜的促生长效果基本一致。

2）研制最优的日粮配方，提高日粮中养分的利用率和日粮的营养价值，降低排泄物中养分的含量。研制动物日粮配方时，既要充分考虑动物的营养需要，注意到饲料资源的充分利用与营养物质间的相互作用，又要考虑到排出粪、尿的量与组成，以及对环境的影响。一方面要满足动物需要，充分发挥动物生产性能，另一方面要考虑对环境污染小。

> **◎ 【提示】** 日粮中蛋白质的氨基酸平衡是影响蛋白质利用率的主要因素，日粮中氨基酸组成同动物维持和生产需要越接近，即达到"理想蛋白质"状态，蛋白质的利用率最高，氮排出量最少。利用理想蛋白质模式技术配制日粮，在不影响动物生产性能的情况下，可降低日粮中蛋白质水平，减少氮的排出量。

以氨基酸（合成氨基酸）为基础配合日粮可使日粮氮水平降低而不影响动物生产。按理想蛋白质模式配制日粮不可避免地出现某些氨基酸过剩或缺乏，而添加合成氨基酸为解决这一问题提供了有效途径。

3）合理的饲料加工和调制饲料可提高养分的消化率，减少养分的排泄。合理的饲料加工可以消除饲料中抗营养因子的抗营养作用，改变饲料中营养成分的含量，改善适口性，增加动物的采食量，提高饲料的利用率。豆科饲料都含有抗胰蛋白酶因子，若不处理则会影响动物对营养物质特别是蛋白质的消化吸收，增加排泄物。日本对雏鸡饲养试验表明：对生豆粕加热效果明显，并且与水溶性指数相关。

粒径大小合适的颗粒料可改善适口性，提高采食量和利用率。据报道，猪饲料颗粒在 $700 \sim 800 \mu m$ 时，饲料的转化率最佳。饲料膨化处理和颗粒化处理可使粪便排出的干物质减少 1/3。菜粕经膨化处理，瘤胃蛋白质降解率至少下降 5%。

4）应用安全高效饲料添加剂，促进动物胃肠道的消化吸收功能，减少营养物质的浪费与排泄。

① 酶制剂。植物性饲料中 60% ~ 80% 的磷以植酸磷（肌醇-6-磷酸）形式存在，玉米中 60% 的磷和大豆中 50% 的磷都以植酸磷形

式存在。植酸磷中的磷在单胃动物中的利用率相当低，使大量的植酸磷从粪中排出。植酸酶可以催化植酸磷向正磷酸盐、肌醇和肌醇衍生物转化，促进无机磷的释放，植酸酶可提高猪饲料中磷的利用率20%~46%；在肉鸡日粮中使用植酸酶可以降低排泄物中50%的磷，但需要在添加植酸酶的同时降低饲料中总磷的含量。另外，在猪日粮中添加植酸酶还可提高钙、镁、铁等必需元素的利用率。

② 利用微生态制剂与化学益生素。微生态制剂是活微生物制剂，又称益生素，它能在肠道中大量繁殖，通过产生抗病物质改善肠胃微生态环境，调整肠道菌群格局，抑制有害微生物的繁殖，从而提高日粮可发酵碳水化合物的水平，促进对氮的利用。在仔猪日粮中添加0.5%的浓缩乳酸杆菌，干物质和氮的排出量分别降低12.6%和4.2%，在生长猪日粮中添加益生素，能提高日增重和饲料转化率，降低粪中铵态氮和挥发性脂肪酸的含量。据中国农业大学报道：在饲料或饮水中加入EM液，密闭鸡舍内氨气的浓度由87.6mg/kg下降到26.5mg/kg，除氨率达69.7%。

外源性植物凝集素及葡萄糖结合物（主要寡聚糖）能选择性地促进肠道有益菌的增殖，阻止病原菌定植，促进其随粪便排泄，刺激动物免疫反应，由于这些物质具有调整胃肠道微生物区系平衡效应，也称化学益生素。研究结果表明，仔猪日粮中添加寡聚糖（如果寡糖、甘露寡糖等），可提高仔猪日增重和饲料转化率，降低粪臭味。

5）应用酸化剂。酸化剂能降低饲料 pH，抑制病原菌和霉菌生长；降低日粮 pH，使胃内 pH 下降，提高酶活性；降低肠道内容物 pH，抑制肠道病原菌生长；促进矿物质的吸收，直接参与体内代谢，提高营养物质消化率。在仔猪日粮中添加1.5%~2.0%富马酸，仔猪平均日增重提高9%，采食量提高5.2%，饲料利用率提高4.4%，同时提高氮平衡5%~7%，代谢能值提高1.5%~2.1%。苏联研究表明，在肉用仔鸡饲料中添加0.15%富马酸和肉用仔鸭饲料中添加0.25%富马酸，增重提高1.58%~5.53%，饲料消耗降低3.2%~6.2%。在肉鸡饲料中添加0.4%柠檬酸，可使肉鸡增重2.97%，改善消化吸收功能，提高饲料利用率。

6）使用生物活性肽来调控日粮营养成分及粪便排泄量。生物活性肽（BAPs）简称活性肽，是一类分子量小于6000，在构象上较松散，具有多个生物学功能的小分子肽类。生物活性肽具有独特的吸收转运系统，比氨基酸的吸收具有更多的优越性，减少了单个氨基酸在吸收上的竞争，从而促进氨基酸的吸收，降低饲料蛋白供给量，吸收到动物体内的小肽比吸收到动物体内的氨基酸利用率高，并对组织蛋白质的代谢具有积极的调节作用，某些肽类还具有重要的生理活性作用。例如，在鸡日粮中添加禽胰多肽粗品，能提高采食量和饲料转化率；给28日龄断奶仔猪皮下注射胰多肽粗品也能提高饲料转化率；仔猪日粮中添加喷雾干燥血浆粉（SDP）可提高日增重量7.4%，饲料利用率明显提高；在断奶仔猪日粮中添加小肽制品"喂大快"，饲料转化率提高10.60%~11.60%。

7）饲料中添加黄腐酸钾减少有害气体排放。山东省农科院家禽研究所应用山东创新腐殖酸科技股份有限公司生产的黄腐酸钾在肉鸭上试验，1日龄樱桃谷肉鸭480只，随机分为4组，分别饲喂添加0、0.5‰、1‰和1.5‰的玉米—豆粕型饲粮，第1周，随着黄腐酸钾添加量的增加，舍内氨气浓度逐渐降低，硫化氢的浓度各组差异不显著；第3周，添加黄腐酸钾，舍内的氨气和硫化氢浓度显著小于未添加组，随着添加量的增加，氨气和硫化氢的浓度逐渐降低；第5周，氨气和硫化氢浓度的变化规律同第3周。

8）禁止或限制某些非营养性饲料添加剂的使用，减少其在动物产品中的残留和对环境的污染。

一些非营养性饲料添加剂，如抗生素、抗菌药、抗球虫药、激素、类激素药物（β-兴奋剂、镇静剂）对动物养殖业虽有一定的积极作用，但在动物产品中残留，对环境污染严重，严重影响人的健康，对于这些饲料添加剂，应禁止或限制使用，以减少养殖业的环境污染。

2. 饲养方式减排措施

采用多阶段、公母分开饲养的饲养方式，准确供给动物养分，从而避免养分浪费，减少动物排泄物的污染。

采用多阶段饲养，公母分开饲养，能比较准确地预测动物营养需要，能正确配制饲粮并减少排出量。近来许多报道也显示，据猪年龄、不同生理阶段划分阶段饲养方式，能减少氮、磷的排放量。在饲养过程中，多阶段饲喂技术可提高饲料转化率70%。猪在肥育后期，采用二阶段饲喂法比采用一阶段饲喂法的氮排泄量减少8.5%。饲喂阶段分得越细，不同营养水平日粮种类分得越多，越有利于减少氮的排泄。

3. 饲料作物育种，提高营养成分利用率

玉米作为最主要的饲料作物，其中含有的许多营养物质以不可利用态存在，并含有植酸磷、植酸钙等植酸盐抗营养因子，致使玉米营养的有效性下降，并造成环境污染，培育低植酸玉米新品种是解决这一问题的有效途径，对养殖业的污染物减排有重要意义。

三 产后治理新技术

1. 固体废弃物治理新技术

畜禽养殖固体废弃物的治理主要是对畜禽粪便进行资源化、无害化处理，主要方式有"肥料化""能源化""饲料化""基料化"等几种形式。

（1）肥料化利用技术及模式　堆肥是被最广泛接受的农业有机废弃物的回收利用技术之一，它避免了废弃物原料或不稳定物料直接还田利用的缺点。畜禽粪便堆肥化处理主要有两种：①经传统方法堆置，自然发酵后直接还田；②在人工好氧条件下，经生物技术发酵制成有机肥后予以利用。由于中国大量施用化肥，造成土壤板结、硬化日益严重，尽管有机肥存在价格稍高、见效较慢的缺点，但有机肥料中的有机质是改良土壤、培肥地力不可缺少的物质，长期施用有机肥料可增加土壤微生物数量，改善土壤理化性质，提高作物品质及产量，因此应大力提倡畜禽粪便肥料化还田利用。

1）牧—肥—草模式。根据土壤养分供应状况和作物需求，添加氮、磷、钾养分和必要的中量微量元素，制成有机质含量高、养分齐、速效和缓冲性兼备、比例合理、肥效稳定的小麦、玉米、高粱、紫花苜蓿、黑麦草等有机—无机复混专用肥。

2）农业废弃物（如秸秆）—畜禽粪便堆肥模式。农业废弃物

（如秸秆）与畜禽粪便混合堆肥可将二者化害为利。例如，以红薯秸秆、牛粪与污泥混合物料经蚯蚓堆制处理后，各种配比物料的pH及有机质和全氮含量均下降，可溶性盐浓度值、速效氮、全磷、速效磷、全钾及速效钾含量均升高，能够促进物料有机质降解形成稳定的腐殖质，大幅度提高物料的速效养分含量。

3）发酵床模式。发酵床养猪（见图1-7）具有一系列优点：①基本实现了污染物零排放。垫料层的发酵温度高达40～50℃，可灭活很多病原微生物和寄生虫等，从而降低猪发病率；粪尿经垫料中菌剂分解，加快了饲料蛋白质的分解和转化。②省工节本。猪舍不用每天清理粪便，不用水清洗，养猪场无须再建沼气池、污水池、粪场等粪便污水消纳设施；减轻劳动强度，减少劳动用工；发酵床产生热量，冬季猪舍无须耗煤耗电加温。③改善了猪肉品质。猪的抗病力增强，发病率减少，用药相应减少；用发酵床养出的猪，屠宰后猪肉肉色红润，纹理清晰，肉质有所提高。

图1-7　发酵床养猪

此项技术具有很大的优越性，按万头规模养殖场推算，采用发酵床技术可向环境减排10.8万 m³ 废水，减排粪尿21600t，节约成本10万元以上。

垫料使用1.5～2年后，富集了丰富的铁、锰、镁、锌等微量元素，并且有害重金属含量均远低于国家标准，符合二级有机肥标准。

（2）能源化利用技术　畜禽粪便转化成能源有三种方式：①直接燃烧。这种方法一般适用于草原上的牛、马等动物的粪便，还可经直接燃烧发电，国外应用较早。②沼气利用技术（见图1-8）。通过厌氧发酵获取沼气，沼气用于燃料、发电等，沼渣和沼液制成有机肥来实现畜禽粪污的资源化综合利用。沼气工程能够实现畜禽粪污处理从单纯的用肥用能、末端治理向综合利用转变，沼气还作为一种可再生能源，可进一步为发电提供电力，但是，消纳沼液和沼渣需要大量土地，对土地资源紧张的地区，沼液和沼渣至今尚无好的解决办法。③生物制氢技术。氢能被视为化石能源的理想替代品，是人类能源发展战略的重要方向之一。近年来，厌氧发酵制氢受到广泛关注，以畜禽粪便污水

图1-8　生产沼气

为原料，利用光合细菌制氢技术的研究已取得初步进展。

　　（3）基料化　畜禽粪便辅以秸秆等农业废弃物作为基料生产食用菌也是一个重要的利用方式。中国是食用菌生产消费大国，食用菌产业的发展空间和潜力巨大，常见的食用菌有香菇、草菇、木耳、蘑菇等，分别生长在不同的地区及不同的生态环境中，食用菌适于生长在植物残体及其他有机废弃物上，不仅能使废料化害为利、变废为宝，而且还能建立一个多层次的生态农业系统。它作为主要的链接者，既能循环利用农业废弃物和净化环境，又能作为产业链推动生态农业的发展，生产食用菌的菌棒可与其他畜禽粪便混合发酵产生沼气，也可堆制成有机肥。

　　1）以食用菌为中心的循环经济模式。在此模式中，食用菌将这些废弃物通过菌丝体在纤维素酶的协同下，将农作物秸秆中的纤维素、半纤维素、木质素等分解成葡萄糖等小分子化合物，能起到降解作用，生产出集"美味、营养、保健、绿色"于一体的食用菌产品，使高蛋白有机物进入新的食物链。分解后的废料施入农田后，可明显提高农田肥力，改善土壤理化性质。同时，这些废弃的培养

料含有大量蘑菇菌丝体，经处理后可作为畜禽的饲料添加剂，还可用来培养甲烷细菌产生沼气、养殖蚯蚓，蚯蚓又可作为家禽的饲料、鱼虾的饵料，家禽产生的粪便又可栽培食用菌，进入新的生物循环。总之，有了食用菌这一环节，便形成了一个多层次搭配、多环节相扣、多梯级循环、多层次增值、多效益统一的物质和能量体系，实现食物链和生态链的良性循环。

2）针叶树类木屑—发酵床养猪—食用菌利用模式。将微生物菌种、松木屑、杉木屑、谷壳及一定量的辅助材料和活性剂混合，发酵形成有机垫料，在经过特殊设计的猪舍里填入此有机垫料，再将仔猪放入猪舍进行发酵床养猪，有机垫料使用 2~3 年，降解粪便能力下降时，清出残渣，此时残渣中的萜烯类化合物已经降解，经简单的二次发酵处理后可直接栽培食用菌，在实际栽培鸡腿菇配方中比例达 70%~95%。

（4）饲料化利用技术　畜禽粪便含有大量的营养成分，需经过无害化处理后再用作饲料。处理方法主要有直接利用法、干燥法、青贮法、发酵法、分解法、化学法等，但畜禽粪便内还含有化学物质（氨、硫化氢、吲哚、毒素）、病原微生物（细菌、病毒、寄生虫及虫卵）、杀虫剂、药物和激素等有害物质，作为饲料必须慎重。

2. 养殖废水处理新技术

养殖废水的治理应坚持"减量化、无害化、资源化"的原则，同时考虑人口规模、土地承载力等综合因素来控制规模化养殖场的发展速度和规模。目前，国内外养殖废水的处理模式主要有 3 类，即自然处理、还田利用和工业化处理模式。随着我国国民经济和社会的发展，可供消纳粪便污染水的土地将逐渐减少，同时还田利用和自然处理容易使病菌滋生、传播，带来二次污染，其应用具有局限性，因此，工业化处理模式受到了广泛的关注，并逐渐成为研究的重点。

3. 养殖废气处理新技术

随着畜牧业生产经营规模的不断扩大和集约化程度的不断提高，生产出大量畜禽产品的同时也排放出大量的恶臭物，如硫化氢、氨气、挥发性脂肪酸、三甲胺、甲烷、粪臭素、硫醇类等，混杂在一起散发出难闻的气味，严重危害畜禽的健康，降低畜禽的抗病力，阻碍生产性能的发挥，还会危害到人尤其是饲养人员的健康，其释放进入大气还有可能形成酸雨，对环境造成污染。因此，如何有效控制养殖场的恶臭是保证畜牧业可持续发展迫切需要解决的问题。

常见的恶臭气体治理方法有燃烧法、氧化法、吸收法、吸附法等。生产中要根据具体恶臭物质的性质、浓度、处理量、当地的环境条件和经济情况来选择具体的去除方法。吸收法、吸附法、燃烧法等是处理恶臭气体的传统方法，这些方法一般投资较大、运行成本较高、操作比较复杂，适用于高浓度恶臭的处理。随着科技的进步，一些新技术、新方法逐渐取代了传统的方法。

（1）生物法除臭技术　通过微生物的生理代谢将具有臭味的物质加以转化，使目标污染物被有效分解去除，以达到恶臭的治理目的。生物除臭是采用生物法通过专门培养在生物滤池内生物填料上的微生物膜对臭气分子进行除臭的生物废气处理技术。当含有气、液、固三项混合的有毒、有害、恶臭的废气经收集管道导入本系统后，通过培养生长在生物填料上的高效微生物菌株形成的生物膜来净化和降解废气中的污染物。此生物膜一方面以废气中的污染物为养料，进行生长繁殖；另一方面将废气中的有毒、有害、恶臭物质分解，降解成无毒无害的 O_2、H_2O、H_2SO_4、HNO_3 等简单无机物，从而达到除臭的目的。

本技术的特点：

1）生物技术，环保卫生，无二次污染。

2）可同时处理含有多种污染物的废气。

3）抗冲击能力强，废气浓度在 3～1500mg/L 波动时，可正常工作。

4）处理时间短，效率高。5～10s 即可净化完成，综合效率可达 95% 以上。

5）生物菌种一次挂膜，菌种种类多，接种时间短。

6）建设成本低，运行费用低，无须添加药剂。

7）采用复合滤料，表面积大，透气性好，不容易板结，使用寿命长。

（2）光催化氧化技术　光催化氧化技术是在外界可见光的作用下发生催化作用，以半导体及空气为催化剂，以光为能量，将有机物降解为 CO_2 和 H_2O。此技术采用的半导体是目前反应效率最高的纳米 TiO_2 光催化剂。在光催化氧化反应中，通过紫外光照射在纳米 TiO_2 光催化剂上产生电子空穴对，与表面吸附的水分（H_2O）和氧气（O_2）反应生成氧化性很活泼的氢氧自由基（OH^-）和超氧离子自由基（O^{2-}），能够把各种废臭气体，如醛类、苯类、氨类、胺类、酚类、氮氧化物、硫化物及其他 VOC 类有机物在光催化氧化的作用下还原成二氧化碳（CO_2）、水（H_2O）及其他无毒无害物质，由于在光催化氧化反应过程中无任何添加剂，所以不会产生二次污染。

（3）生态功能型能量空气净化技术　生态功能型能量空气净化技术是目前世界空气净化领域的最新高端技术。生态功能型能量材料在多种稀有金属催化剂作用下，激发气体放电产生巨量的羟基自由基、负离子等净化离子，同时产生大量正离子，正负离子比例为1:1.2～1:1.5。这些具有高度反应活性的电子、原子、分子和自由基在极短的时间内形成离子云，瞬间与甲醛、苯、VOC 等有害污染气体经一系列链式反应后最终生成二氧化碳和水，以及与各种有机污染物分子、无机污染物分子反应，从而使污染物分子分解成为小分子化合物。

> ◯ 【提示】生态功能型能量空气净化技术最大的特点是可以高效、低成本地对各种污染物进行破坏分解，由于在生态功能型能量材料氧化反应过程中无任何添加剂，无须使用人造能源，所以无源、持久、低成本、不会产生二次污染，适合于任何工作环境。它不仅可以对气相中的化学物质、生物性污染物进行破坏，而且可以对液相和固相中的化学物质、放射性废料进行破坏分解；不仅可以对低浓度的有机污染物进行分解，而且对高浓度的有机污染物也有较好的分解效果。它可以有效地控制反应副产物的生成与分布，免除或减少吸附法的后处理过程。

第二章

养殖环境控制

在畜牧养殖生产前，通过科学规划、合理设计、周密计划、精心管理，可以大大降低生产过程中产生的污染。

第一节 产前环境控制

一 场址的选择

畜禽养殖首先要做好场址的选择，场址不仅直接关系到建设投资、畜禽生产水平、畜禽的健康状况、经济效益及养殖场的运营状况，而且对养殖场地、周围环境的生态平衡、公共卫生都有着深远的影响。

1. 自然条件的选择

以下以养鸡场为例：

（1）地势地形　地势是指场地的高低起伏状况。地形是指场地的形状、范围及地物。养鸡场场址应选择地势高燥、向阳背风、远离沼泽的地区，以避免寄生虫和昆虫的危害，地面开阔、整齐、平坦而稍有坡度，以便排水。地面坡度以 3%～5% 为宜，最大不得超过 25%，低洼积水的地方不宜建场。山区建场还要注意地质构造情况，避开断层、滑坡、塌方的地段，也要避开坡底、谷底及风口，以免受山洪和暴风雨的袭击。

（2）土壤土质　从卫生防疫观点出发，要求土壤透水性能良好，无病原微生物和工业废水污染，以沙壤土或壤土为好。这种土壤疏松多孔、透水透气，有利于树木和饲草的生长，冬天增加地温，夏天减少地面辐射热。砾土、纯沙地不能建场，这种土壤导热快，冬天地温低，夏天灼热，缺乏肥力，不利于植被生长，因而也不利于鸡舍周围形成较好的小气候。

（3）水源水质　养殖场附近必须有洁净充足的水源，取用、防护方便。养殖场用水比较多，如每只成鸡每天的饮水量平均为300mL，生活用水及其他用水是鸡饮水量的2~3倍。最理想的水是不经过处理或稍加处理即可饮用的水。要求水中不含病原微生物，无臭味或其他异味，水质澄清透明，酸碱度、硬度、有机物或重金属含量符合无公害生态生产的要求。如果有条件，则应提取水样做水质的物理、化学和微生物污染等方面的化验分析。地面水源包括江水、河水、塘水等，其水量随气候和季节变化较大，有机物含量多，水质不稳定，多受污染，使用时必须经过处理。深层地下水的水量较为稳定，并经过较厚的沙土层过滤，杂质和微生物较少，水质洁净，并且所含矿物质较多。

（4）气候　要考虑当地小气候，如风向、风力对鸡舍朝向、排列、距离和人畜卫生及防疫工作的影响。

2. 社会条件的选择

（1）供电　电源对养鸡场也是非常重要的。电力供应不足或一旦停电都会给养鸡场造成严重的损失，所以，电源必须切实得到保证。如果供电不能保证，需购置发电机，以保证养鸡场供电的稳定可靠。电力安装容量为每只蛋鸡2~3W。

（2）位置和交通　选择场址时，应注意到养鸡场与周围社会的关系，既不能使养鸡场成为社会的污染源，也不能受周围环境的污染，应选在居民区的低处和下风处500m以上的距离，并避开居民饮水排风口，与其他养殖场、畜产品加工厂、屠宰场、皮革加工厂、兽医院等生物污染严重的地点保持距离在3km以上，更应远离化工厂、矿场等易造成环境污染的企业。所以，养鸡场的位置应距离干线交通公路、村庄和居民点1km以上，具备路面平整的交通条件，周围不能有任何污染源，空气良好。

（3）防疫条件　最好不要在旧养鸡场上建场或扩建。养鸡场离居民点、农贸市场、畜禽场和屠宰场等易于传播疾病的地方要有一定的距离，最好附近有大片土地，有利于对粪便的处理。

二 养殖场的布局（以养鸡场为例）

建设较大规模的养鸡场时，通常都要考虑分区建设，即所谓的布局问题。养鸡场的总体平面布局要求科学、合理，既要考虑卫生防疫条件，又要照顾相互之间的关系，做到有利于生产，有利于管理，有利于生活，否则，容易导致鸡群疫病不断，影响生产。科学合理的规划布局可以有效地利用土地面积，减少建场投资，保持良好的环境条件和保证高效方便的管理。

1. 分区规划

养鸡场分区规划应注意的原则是：人、鸡、污，以人为先，污为后的排列顺序；风与水，则以风为主的排列顺序。养鸡场各种房舍和设施的分区规划主要从有利于防疫和有利于组织安全生产出发，根据地势和风向处理好各类建筑的安全问题。养鸡场通常根据生产功能分为生产区、办公区或生活区和病鸡隔离区等（见图2-1）。

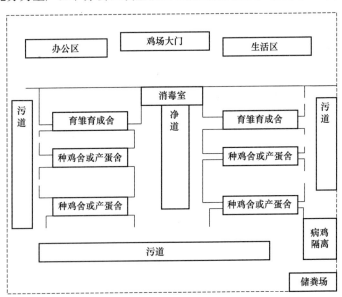

图2-1　养鸡场规划布局图

（1）生活区或办公区　　生活区或办公区是养鸡场的经营管理活动场所，与社会联系密切，易造成疫病的传播和流行。该区的位置应靠近大门，并与生产区分开，外来人员只能在办公区活动，不得进入生产区。场外运输车辆不能进入生产区。车棚、车库均应设在办公区，除饲料库外，其他仓库也应设在办公区。职工生活区设在上风向和地势较高处，以免养鸡场产生的不良气味、噪声、粪尿及污水因风向和地面径流污染生活环境，造成人、畜疾病的传播。

（2）生产区　　生产区是总体布局的主体，是鸡生活和生产的场所。生产区位于全场的中心地带，地势应低于办公区，并在其下风处，但要高于病鸡隔离区，并在其上风处。生产区内鸡舍的设置应根据常年主风向，按种鸡场（孵化场）、育雏育成舍、种鸡舍或产蛋舍这一顺序布置养鸡场建筑物，以减少雏鸡发病机会，利于鸡的转群。养鸡场生产区内，按规模大小、饲养批次不同规划成几个小区，区与区之间要相隔一定距离，放养鸡舍间距根据活动半径不低于150m。根据拟建场区的土地条件，也可用林带相隔，拉开距离，将空气自然净化。对于人员流动方向的改变，可筑墙阻隔或沿路种植灌木加以解决。

（3）病鸡隔离区　　病鸡隔离区主要是用来治疗、隔离和处理病鸡的场所。为防止疫病的传播和蔓延，该区应在生产区的下风处，并在地势最低处，而且远离生产区。隔离舍尽可能与外界隔绝。该区四周应有自然的或人工的隔离屏障，设单独的道路与出入口。

2. 鸡舍间距

鸡舍间距要从防疫、排污、采光、防火和节约用地五个方面予以考虑。鸡舍之间距离过小，通风时，上风处鸡舍的污浊空气容易进入下风处的鸡舍内，引起病原在鸡舍内的传播；对于采光，南边的建筑物会遮挡北边的建筑物；发生火灾时，很容易殃及全场的鸡舍；由于鸡舍密集，场区的空气环境容易恶化，微粒、有害气体和微生物含量过高，容易引起鸡群发病。为了保持场区和鸡舍环境良好，鸡舍之间应保持适宜的距离，开放舍间距为20～30m，密闭鸡舍间距为15～25m。

3. 鸡舍朝向

鸡舍朝向是指用于通风和采光的棚舍门窗的指向。鸡舍朝向应根据当地气候条件、鸡舍的采光及温度、通风、地理环境、排污等情况确定。鸡舍朝南，即鸡舍的纵轴方向为东西向，对我国大部分地区的开放式鸡舍来说是较为适宜的。这样的朝向，在冬季可以充分利用太阳辐射的温热效应和射入舍内的阳光防寒保温；夏季辐射面积较少，阳光不宜直射舍内，有利于鸡舍防暑降温。

鸡舍内的通风效果与气流的均匀性和通风量有关，但主要看进入舍内的风向角多大。风向与鸡舍纵轴方向垂直，则进入舍内的是穿堂风，有利于夏季的通风换气和防暑降温，不利于冬季的保温；风向与鸡舍纵轴方向平行，风不能进入舍内，通风效果差。所以，要求鸡舍纵轴与夏季主导风向的角度为 $45° \sim 90°$ 较好。

4. 场地道路

场地道路是养鸡场总布局的组成，是场地建筑物之间、场内与场外之间联系的纽带，为运输饲料、鸡蛋、鸡、废弃物等提供方便。因此，道路需要合理设计和布局。

养鸡场场地的道路分为净道和污道。净道是运送鸡蛋、健康鸡和饲料的道路，污道是运送粪便、死鸡、淘汰鸡和其他废弃物的道路。为了保证净道不受污染，净道末端是鸡舍，不能和污道相通。净道和污道应以草坪或林带相隔。

5. 储粪场

养鸡场应设置粪尿处理区，粪尿处理区距鸡舍 $30 \sim 50m$，并在鸡舍的下风处。粪场可设置在多列鸡舍的中间，靠近道路，有利于粪便的清理和运输。储粪场和污水池要进行防渗处理，避免污染水源和土壤。

三 养殖场绿化

对养鸡场进行全面科学的绿化，不仅能改变自然面貌，改善和美化环境，还可以减少污染，保护环境，为饲养管理人员创造一个良好的工作的环境，为畜禽创造一个适宜的生产环境。

1. 养殖场环境绿化的意义

绿化是整个养殖场建设的重要部分。养殖场绿化是指对养殖场内和周边裸露地面进行绿化，包括建造防风林（在多风、风大地区）、隔离林、行道绿化、遮阳绿化、绿地等，可植树、种花、种草，也可种植有饲用价值或经济价值的植物，如果树、苜蓿、草坪、草皮等。养殖场环境绿化具有如下重要意义：

1）能够使养殖场处于优美、健康的环境，在此环境中，养殖场的人员及鸡均能够实现健康的生活及生长，同时也利于工作效率的提升，进而养殖场将获得良好的经济效益。

2）绿化植物能吸收空气中有害气体、有毒物质，过滤、净化空气，减轻异味，降低空气中臭气的浓度。养殖场排出的含有氨气、硫化氢等的有害气体，通过绿化植物的光合作用可被大量吸收，释放新鲜氧气。

3）能够减少大气降尘量和飘尘量，其效果非常显著。绿化树木具有减尘作用，树木本身能分泌挥发性植物杀菌素，具有较强的杀菌力，使绿地空气中含菌量大大减少，可杀灭一些对人畜有害的病原微生物。

4）绿化植物能够对噪声进行散射与吸收，从而降低噪声强度。绿篱与绿墙等对噪声有着较为显著的阻隔和吸收作用，常绿阔叶树对噪声的控制也有着较为良好的效果。

5）绿化植物可以减少土壤里面氮、磷、钾等物质的含量，使土壤与水源的富营养化得到改善。养殖场排放的大量污水和粪便流经树林和草地，进而渗透到土壤，此时，树木发挥着水源过滤器的作用，污水将变得洁净、无味，其中的细菌含量也得到大幅度降低，进而土壤与水质得到有效的改善（见彩图 5 和图 2-2）。

图 2-2　养殖场绿化效果图

⊙ 【提示】通过绿化，能够实现对小气候的改善，而通过树木遮阳，从而减少太阳的辐射，在此基础上，能够实现对气温、温度与气流等多方面的调节。有资料表明，养殖场绿化可使恶臭降低50%，有害气体减少25%，尘埃减少35%～67%，空气中的细菌数减少22%～79%，噪声强度降低25%。阔叶林还可吸收大量二氧化碳并放出氧气。

2. 绿化植物品种的选择

养殖场中含有大量的氨气、硫化氢等异味气体，以及粉尘和污水等污染物，所以应选择吸污、滞尘等抗性强的树种。对氨气抗性强的树种：女贞、石楠、紫薇、银杏、皂荚、柳杉、无花果、樟树、石榴、玉兰、丝棉木、朴树、广玉兰、杉木、紫荆、木槿和蜡梅等；对硫化氢抗性强的树种：臭椿、栾树、银白杨、连翘、龙柏、苹果、樱花、桑树、桃、山茶与月季等；滞尘能力较强的树种：槐树、白杨、柳树、白榆、樟树、凤凰木、石楠与银杏等；污水净化和抗污较强的植物：美人蕉、水葫芦、水花生等。

植树造林应注意树种的选择，杨树、柳树等树种在吐絮开花时会产生大量的绒毛，易造成通风口堵塞，降低风机的通风效率，对净化环境和防疫不利。防风林应设在冬季主风的上风处，沿围墙内外设置，最好是落叶树和常绿树搭配、高矮树种搭配，植树密度可大些。隔离林主要设在各场区之间及围墙内外，应选择树干高、树冠大的乔木。行道绿化是指道路两旁和排水沟边的绿化，起到路面遮阳和排水沟护坡的作用。遮阳绿化一般设于畜禽舍南侧和西侧，起到为畜禽舍墙、屋顶、门窗遮阳的作用。

3. 绿化植物的配置

养殖场的绿化需要对植物进行有效的配置，才能达到最优的生态景观效果。绿植配置时应依据场区的内部功能进行，确保布局的科学性、有效性与合理性，从而发挥绿化的作用。绿化的功能主要包括促进环境改善、保证卫生安全、提高产量、平衡生态环境等。养殖场周围的绿植配置要根据其污染物的集中特点进行设计，以发挥园林植物的净化、杀菌与减噪等作用。如果污染物中含有有害气体，则要选择具有较强吸附能力的树种，同时还要选择具有良好隔音效果的树种，考虑到畜禽舍的良好通风，可以选择低矮的花卉与草坪等进行种植。办公楼和生活区的配置要根据污染的程度对其进行合理的规划，从而满足人们对景观观赏与自然亲近的需求，同时也利于提升企业的形象和美化员工的生活环境。为了丰富色彩，宜配置树群、草坪、花坛、绿篱等容易繁殖、栽培和管理的花卉灌木。场区道路宜以种植乔木为主，乔木、灌木搭配种植做行道树，构成林网，形成场区绿化的骨架。但作为种禽养殖场，为了确保卫生防疫安全有效，往往在整个场区内不种一棵树，目的是不给飞鸟有栖息之处，以防病原微生物通过鸟粪等杂物在场内传播，继而引起传染病。

四 配套隔离设施

没有良好的隔离设施就难以保证有效的隔离，设置隔离设施会加大投入，但减少疾病带来的潜在收益将是长期的，要远远超过投入，养鸡场主要有以下隔离设施：

1. 隔离墙（或防护沟）

养鸡场周围（尤其是生产区周围）要设置隔离墙，墙体严实，高度为 2.5 ~ 3m，或者沿场周围挖深 1.7m、宽 2m 的防疫沟，沟底和两壁硬化并放上水，沟内侧设置 15 ~ 18m 的铁丝网，避免闲杂人员和其他动物随便进入养鸡场。

2. 消毒池和消毒室

养鸡场的大门处应设置消毒室（或沐浴消毒室）和车辆消毒池，供进入的人员、设备和用具消毒。生产区中每栋建筑物门前要有消毒池。可以在与生产区围墙同一平行线上建一个消毒池，供消毒蛋盘、蛋箱和鸡笼使用。

3. 独立的供水系统

有条件的养鸡场要自建水井或水塔，用管道接送到鸡舍。

4. 场内的排水设施

完善的排水系统可以保证养鸡场场地干燥，及时排除雨水及鸡场的生活、生产污水，否则，会造成养殖场泥泞及可能引起的沼泽化,影响鸡场小气候、建筑物寿命,给鸡场管理工作带来困难。场内排水系统多设置在各种道路的两旁及鸡舍的四周,利用养鸡场场地的倾斜度使雨水及污水流入沟中,排到指定地点进行处理。排水沟分明沟和暗沟。

（1）明沟　夏天臭气明显,容易清理。明沟不应过深(应小于30cm)。

（2）暗沟　暗沟可以减轻臭气对养鸡场环境的污染。暗沟可用砖砌或利用水泥管,其宽度、深度可根据场地地势及排水量而定。如果暗沟过长,则应设深沉井,以免污染物淤塞,影响排水。此外,暗沟应深达土层以下,以免受冻而阻塞。

5. 设置封闭性垫料库和饲料塔

规模化养鸡场最好设置封闭性垫料库和饲料塔。封闭性垫料库设在生活区、生产区交界处,两面开门,墙上部有小通风口,垫料直接卸到库区内,使用时从内侧取出即可。场内设置中心料塔和分料塔,中心料塔安装在生活区、生产区交界处;分料塔安装在各栋旁边。料罐车将饲料厂拉回的饲料直接打入中心塔。生产区内的料罐车再将中心塔的饲料转运到各栋的分料塔。

6. 设立卫生间

为减少人员之间的交叉活动、保证环境的卫生和为饲养员创造比较好的生活条件,在每个小区或每栋鸡舍应设有卫生间。每栋舍的工作间的一角建一个 $1.5m \times 2m$ 的冲水厕所,用隔断墙隔开。

五　按标准化要求生产

养殖场要统一规划,合理布局,结合新农村建设,畜牧部门要和当地土管部门共同协商,为规模养殖场解决养殖用地,根据当地的地理环境和人口居住情况对养殖场进行合理布局。养殖场应建在距离主要公路、居民区、农家乐、旅游景点等处 1km 以外,应距畜禽牧场、屠宰场、畜产品加工厂、农药厂、化肥厂、污水处理厂 2km 以外,并且养殖场要处在这些污染源的上游。养殖场周围要有足够的农田、鱼塘、果园及蘑菇种植园,以便实行种养结合,有效利用畜禽粪便。

畜禽养殖污染防治新技术

44

第二节 产中环境控制

在生产过程中容易产生环境污染的因素有温度、湿度、气流等，如升温需燃煤，排出二氧化碳、一氧化碳、硫化氢等；降温需开启风机，排出二氧化碳、一氧化碳、硫化氢、灰尘等。本节介绍养鸡场产中环境控制。

一 温度

温度是主要环境因素之一，鸡舍内温度过高或过低都会影响鸡体健康和生产性能的发挥。

1. 舍内热量的来源和散失

舍内温度的高低受到舍内热量的多少和散失难易的影响。

（1）舍内热量的来源 舍内热量来源包括：

1）舍外空气。舍外空气含有一定温度，可以通过传导、对流等方式进入舍内，进入舍内的热量与鸡舍的结构和性能有密切关系。夏季因通风换气加强或门窗打开，再加上外围护结构的传热，舍内气温几乎完全受舍外气温的影响，但保温隔热良好的鸡舍可以减弱舍外气温对鸡舍小气候的影响；在寒冷的冬季，舍内热量主要来源于畜体散热，但因通风换气或外围护结构的保温隔热性能而受到舍外气温的影响。

2）鸡体产生。鸡体在生存和生产过程中，经过基础代谢、消耗饲料、生产、肌肉活动等过程产热，产生的热量又通过辐射、传导、对流和蒸发途径散失，以保证体热平衡。通过辐射、传导、对流散失的热量可以提高舍内的温度（蒸发散失的热量不能提高舍内温度，只能增加舍内湿度）。

3）人的活动、机械运行及各种生产活动的进行都会对鸡舍内的温度产生影响。

4）采暖。舍内人工加温可以增加舍内热量而提高舍内温度。育雏舍要保证适宜的温度（雏鸡需要较高温度），一般需要采暖。

（2）舍内热量的散失 一般鸡舍的热量有36%～44%是通过天

棚和屋顶散失的。因为，天棚和屋顶的散热面积大，内外温差大。例如，一栋 8～10m 跨度的鸡舍的天棚的面积几乎比墙的面积大1 倍，而 18～20m 跨度时大 2.5 倍，设置天棚可以减少热量的散失和辐射热的进入；有 35%～40% 的热量是通过四周墙壁散失的，散热的多少取决于建筑材料、结构、厚度、施工情况和门窗情况；另外有 12%～15% 是通过地面散失的，鸡在地面上活动散热。冬季，舍内热量的散失情况取决于外围护结构的保温隔热能力。

2. 舍内温度的变化规律

保温性能好的鸡舍舍内温度一般是上高下低，天棚附近温度最高，接近地面温度最低（鸡的潜显热发散，温暖潮湿的空气上升）。气温从鸡舍中央向四周递减，鸡舍跨度越大，这种差异越大。实际差异大小取决于墙、门和窗的保温性能、通风管的位置和舍外温度。

舍内温度情况还与鸡舍高度、饲养密度有关。舍高，每只鸡的空间大，个体散热多，有利于夏季防暑而不利于冬季防寒；饲养密度大，则单位面积产热量多，舍内温度高。

3. 舍内温度对鸡体的影响

（1）影响鸡体热调节　动物生命活动过程中伴随产热和散热两个过程，动物机体产热和散热是保持对立过程的动态平衡，只有保持动态平衡，才能维持鸡体体温恒定。鸡是恒温动物，在一定范围的环境温度下通过自身的热调节过程能够保持体温恒定。当环境温度过高或过低，超出了调节范围时，热平衡破坏，鸡的体温升高或降低，使鸡体受到直接伤害，严重时引起死亡。

（2）影响鸡的抵抗力　舍内温度对鸡体的影响表现在：

1）温度影响鸡体的免疫状态。

2）间接致病。病原体和媒介虫在体外的存活时间明显受到环境影响。对于鸡沙门氏菌，气温从 28℃ 升高到 37℃ 时其复活率、感染率下降而失活。

3）影响鸡群的营养状态和饲养管理。天气炎热，鸡的采食量下降，营养供应不足，最后导致营养不良，鸡抵抗力下降，容易发病；饲料容易酸败变质和发生霉菌毒素中毒。天气寒冷，鸡的采食量增加，代谢增强，如饲料供应不足，也会造成营养不良，抵抗力下降。

冬季喂饲一些块根茎类或青绿多汁容易冰冻的饲料或饮水的温度过低，鸡饮食后会消化不良、下痢；冬季鸡舍密封过紧，通风不良易引起鸡群呼吸道疾病等。

（3）影响生产性能　不同种类、不同性别、不同饲养条件和不同阶段的鸡对环境温度有不同的要求，如果温度不适宜，会影响其生长和生产。

4. 舍内温度的控制措施

（1）冬季的防寒保温措施　一般来说，成鸡怕热不怕冷，环境温度在7.8～30℃的范围内变化，鸡自身可通过各种途径来调节其体温，对生产性能无显著影响，但温度较低时会增加饲料消耗，所以冬季要采取措施防寒保暖，使舍内温度维持在10℃以上。

（2）养鸡场夏季防暑措施　鸡体缺乏汗腺，对热较为敏感，易发生热应激，影响生产，甚至引起死亡。例如，蛋鸡产蛋最适宜温度为18～23℃，高于30℃时产蛋量会明显下降，蛋壳质量变差，高于38℃就可能由于热应激而引起死亡。因此，养鸡场夏季应注重防暑降温。

> ➡ 【提示】　其他季节，可以通过保持适宜的通风量和调节鸡舍门窗面积维持鸡舍适宜温度。

二 湿度

湿度是指空气的潮湿程度，养鸡生产中常用相对湿度表示。相对湿度是指空气中实际水汽压与饱和水汽压的百分比。

1. 舍内湿度的来源

（1）鸡体排泄　鸡体本身排泄增加的相对湿度占70%～75%。鸡体排泄的粪尿含有大量的水分，皮肤和呼吸道的蒸发也能产生大量的水汽。

（2）舍内水分的蒸发　墙壁、地面、饲料、饮水、垫草等表面的水分蒸发占10%～15%。排水系统不畅通、水管和水槽漏水、粪尿清理、地面洗刷等会增大舍内湿度。

2. 舍内湿度变化规律

干燥空气与水汽的密度比是1:0.623，所以，舍内上部、下部湿度大，中间湿度小（封闭舍）。如果舍内门窗面积大，通风良好，差异不大。

保温隔热不良的畜舍，空气潮湿，当气温变化大时，气温下降时容易达到露点，凝聚为雾。虽然舍内温度未达到露点，但由于墙壁、地面和天棚的导热性强，温度达到露点，即在畜舍内表面凝聚为液体或固体，甚至由水变成冰。水渗入围护结构的内部，气温升高时，水又蒸发出来，使舍内的湿度经常很高。潮湿的外围护结构保温隔热性能下降，常见天棚、墙壁生长绿霉、灰泥脱落等。

3. 舍内湿度对鸡体的影响

气温作为单一因子对鸡的影响不大，常与湿度、气流等因素一起对鸡体产生一定影响。

（1）高温高湿　高温高湿影响鸡体的热调节。高温加剧高温的不良反应，破坏热平衡。

（2）低温低湿（干冷状态）　低温低湿对于鸡体的散热容易。潮湿的空气使鸡的羽毛潮湿，保温性能下降，鸡感到更加寒冷，加剧了冷应激，使鸡易患感冒性疾病，如风湿症、关节炎、肌肉炎、消化道疾病（下痢）等。

（3）低湿　低湿的环境中，鸡体皮肤或外露的黏膜发生干裂，降低了对微生物的防卫能力；低湿有利于尘埃飞扬，鸡吸入呼吸道后，尘埃可以刺激黏膜和呼吸道黏膜，同时尘埃中的病原一同进入体内，容易感染或诱发呼吸道疾病，特别是慢性呼吸道疾病。低湿造成雏鸡脱水，不利于羽毛生长，易发生啄癖。低温有利于某些病原菌的存活，如白色葡萄球菌、金黄色葡萄球菌、鸡沙门氏杆菌及具有包囊的病毒的存活。

（4）舍内适宜的湿度　育雏前期（0~15日龄），舍内相对湿度应保持在75%左右；其他时候，鸡舍的相对湿度保持在60%~65%。

4. 舍内湿度调节措施

（1）湿度低时　当舍内相对湿度低时，可以采取如下措施：

1）洒水或喷水。在舍内地面洒水或用喷雾器在舍内喷水，水的蒸发可以提高舍内湿度。如果雏鸡舍或舍内温度过低时，可以喷洒热水。

2）供暖炉上放置水壶。育雏期间要提高舍内湿度，可以在加温的火炉上放置水壶或水锅，使水蒸发提高舍内湿度，可以避免喷洒凉水引起的舍内温度降低或雏鸡受凉感冒。

（2）温度高时　当舍内相对湿度过高时，可以采取如下措施：

1）加大换气量。通过通风换气来去除舍内多余的水汽，换进较为干燥的新鲜空气。舍内温度低时，要适当提高舍内温度，避免通风换气引起舍内温度下降。

2）提高舍内温度。舍内空气中的水汽含量不变，提高舍内温度可以增大饱和蒸汽压，降低舍内相对湿度，特别是冬季或雏鸡舍，加大通风换气量对舍内温度影响大，可提高舍内温度。

5. 防潮措施

鸡较喜欢干燥，潮湿的空气环境与高温协同作用容易对鸡产生不良影响，所以，应该保证鸡舍干燥。保证鸡舍干燥需要做好鸡舍防潮，除了选择地势高燥、排水好的场地外，可采取如下措施：

1）鸡舍墙基设置防潮层，新建鸡舍待干燥后使用，特别是育雏舍。

2）舍内排水系统畅通，粪尿、污水及时清理。

3）尽量减少舍内用水。舍内用水量大，舍内湿度容易增加。防止饮水设备漏水，能够在舍外洗刷的用具可以在舍外洗刷或洗刷后的污水立即排到舍外，不要在舍内随处抛洒。

4）保持舍内较高的温度，使舍内温度经常处于露点以上。

5）使用垫草或防潮剂，及时更换污浊潮湿的垫草。

三　气流

1. 舍内气流的形成

舍内温度不均匀引起空气密度变化而造成上下空气对流；机械运转、人和鸡的走动等各种生产活动引起的空气流动；由于门窗、风管和外围护结构空隙的存在，在外界风力作用下形成空气流动（自然通风）；利用风机进行的排风和送风形成的空气流动（机械通风）。

2. 舍内气流的特点

夏季舍外新鲜空气密度小，进入舍内的空气大部分上升，可通过排气管或屋顶间隙直接排出。鸡舍下部没有空气流动或气流达不到要求，使鸡舍下部空气污浊，鸡容易受到热应激。为加强通风和排污效果，应设置地脚窗。

冬季舍外空气凉且密度大，进入舍内后大部分下沉，吸收舍内热量后再上升。如果通风口设置在鸡舍的下部，则冷风直吹鸡体，鸡容易感冒受凉，因此，换气口应设置在鸡舍上部。

3. 气流对鸡体的影响

气流对鸡体的影响主要出现在寒冷和炎热的极端环境中。鸡舍寒冷，温度低，增加气流速度能增加鸡体散热，冷应激更严重；冷风直吹鸡体，使鸡体受风着凉。特别是"贼风"，危害更大。鸡舍温度高，如果舍内气流不均匀，存在死角，部分鸡（特别是笼养）只会遭受更严重的热应激。高温环境中加大气流速度可增加鸡的采食量，缓解热应激，提高生产性能。

4. 舍内气流的调节措施

密闭鸡舍通过合理安装风机和设计进气口以保证舍内适宜的气流速度和气流均匀。开放鸡舍，除夏季需要安装风机和加大气流速度缓解热应激外，一般可以通过自然通风换气系统的设计和利用保证适宜的空气流动。

第三节　畜禽舍空气中的有害气体控制

一　有害气体的种类

鸡舍内鸡群密集，呼吸、排泄和生产过程的有机物分解导致有害气体成分要比舍外空气成分复杂和含量高。鸡舍中的有害气体主要有氨气、硫化氢、二氧化碳、一氧化碳和甲烷。在规模养鸡生产中，这些气体污染鸡舍环境，引起鸡群发病或生产性能下降，降低养鸡生产效益，污染鸡场周围环境。猪舍中的有害气体主要有氨气、硫化氢，牛舍中的有害气体主要有氨气和甲烷。舍内有害气体的种类：

1. 氨气

（1）理化特性　无色、具有刺激性臭味，与同容积干洁空气的质量比为0.593，比空气轻，易溶于水，在0℃时1L水可溶解907g氨。

（2）来源分布　畜舍空气中的氨气来源于家畜粪尿、饲料残渣和垫草等有机物的分解。舍内氨气含量的多少取决于家畜的密集程度、畜舍地面的结构、舍内通风换气情况和舍内管理水平。据舍内空气采样测定，少者 $6 \sim 35 mL/m^3$，多者 $150 \sim 500 mL/m^3$。

2. 硫化氢

（1）理化特性　无色、易挥发的恶臭气体，与同容积干洁空气的质量比为 1.19，比空气重，易溶于水，1 体积水可溶解 4.65 体积的硫化氢。

（2）来源分布　大气中的硫化氢主要来源于石油化工厂、炼焦厂、化学纤维厂和造纸厂排放的废气等；畜舍空气中的硫化氢来源于含硫有机物的分解。当家禽采食富含蛋白质的饲料而又消化不良时，会排出大量的硫化氢。粪便厌氧分解或破损蛋腐败发酵也可产生硫化氢。

硫化氢产自地面和垫料，密度大，故越接近地面浓度越大。据舍内空气采样测定，距地面30.5cm处的浓度为 $3.4mL/m^3$；距122cm处只有 $0.4mL/m^3$。

3. 二氧化碳

（1）理化特性　无色、无臭、无毒，略带酸味，比空气重，对空气的相对密度为 1.524，相对分子质量为44.01.

（2）来源分布　鸡舍中的二氧化碳主要来源于鸡的呼吸。1000只母鸡每小时可排出 1700mL；大气中的二氧化碳含量为 0.03%（0.02% ~ 0.04%），而鸡舍中的含量比大气高出许多倍，冬季换气不良时可达4000mL/m³，换气良好的为 $600 \sim 1800mL/m^3$。

由于二氧化碳密度大于空气，因此聚集在地面上。缺氧与二氧化碳中毒有关。检查缺氧和二氧化碳积蓄的简易方法是：在离地面 10cm 处点燃 1 支蜡烛，若不易点燃或点燃后很快熄灭，则有可能缺氧或二氧化碳积蓄。

4. 一氧化碳

（1）理化特性　无色、无味、无臭，对空气的相对密度为 0.967。

（2）来源分布　大气中的一氧化碳来源于燃料的不完全燃烧、各种工矿企业排放及各种机动车辆排放。鸡舍中的一氧化碳来源于火炉取暖的煤炭不完全燃烧，特别是冬季夜间畜舍封闭严密，通风不良，可达到中毒程度。

二 有害气体的危害

1. 引起慢性中毒和中毒

鸡如果长期处于低浓度氨气和硫化氢的作用下，体质变弱，表现为精神萎靡、抗病力下降，对某些病敏感（如对结核病、大肠杆菌、肺炎球菌感染过程显著加快），采食量、生产性能下降（慢性中毒）。二氧化碳和一氧化碳含量高时易造成缺氧，可引起鸡的窒息死亡。长期缺氧，鸡表现为精神萎靡、食欲减退、体质下降、生产力降低、抵抗力减弱，肉鸡容易发生腹水症。高浓度氨气可以通过肺泡进入血液置换氧基从而破坏血液的运氧功能；可直接刺激体组织引起碱性化学性灼伤，使组织溶解坏死；还可引起中枢神经麻痹、中毒性肝病、心肌损伤等（高浓度氨气对家畜引起明显的病理反应和症状称"氨中毒"）。高浓度的硫化氢可直接抑制呼吸中枢，引起窒息和死亡。

2. 破坏局部黏膜系统

呼吸道的黏膜是保护鸡体的第一道屏障。另外，黏膜还形成了局部免疫系统，产生局部抗体。如果黏膜被破坏，屏障功能降低或消失，抗体不能有效生成，鸡体抗病力降低，病原就容易侵袭，鸡体容易发生疾病。

三 消除鸡舍有害气体的措施

鸡舍中的有害气体主要是氨气、硫化氢、二氧化碳、一氧化碳和甲烷。在规模养鸡生产中，这些气体污染鸡舍环境，引起鸡群发病或生产性能下降，降低养鸡生产效益。消除鸡舍有害气体除了加强场址选择和合理布局，避免工业废气和其他场污染外，可以采取如下措施：

1. 合理设计设施

合理设计鸡场和鸡舍的排水系统，以及粪尿、污水处理设施。粪便及污水要及时进行无害化处理，不要乱堆乱排。

2. 加强防潮管理，保持舍内干燥

氨气、硫化氢等有害气体易溶于水，舍内湿度大时，有害气体与水一起被吸附于外围护结构中，舍内温度升高时又挥发出来，使舍内有害气体一直处于较高水平。

3. 加强鸡舍管理

1) 舍内地面上铺垫料。地面饲养，可以使用刨花、玉米芯、稻草等垫草。

2) 保证适当的通风。特别是冬季，舍外气温低，为了保证舍内温度，鸡舍密封严密，粪便清理间隔时间长，舍内有害气体含量容易过高。所以，要处理好保温和通风的关系，进行适当的通风，去除舍内有害气体，保证舍内空气新鲜。

3) 做好鸡场和鸡舍卫生工作，及时清理鸡舍中的污物和杂物，及时清粪。

4. 加强环境绿化

绿化不仅美化环境，而且可以净化环境。绿色植物可进行光合作用。每公顷阔叶林在生长季节每天可吸收 1000kg 二氧化碳，产出 730kg 氧气。绿色植物可大量吸收氨气，如玉米、大豆、棉花、向日葵及一些花草都可吸收大气中的氨而生长。绿色林带可以过滤阻隔有害气体。有害气体通过绿色地带至少有 25% 被阻留，煤烟中的二氧化硫被阻留 60%。

5. 使用去除异味的物质

（1）化学物质除臭　使用一些化学物质也可除臭。

1) 过磷酸钙：消除效果良好。过磷酸钙能吸附氨气生成铵盐。

2) 硫黄：垫料中混入硫黄，可使垫料的 pH 小于 7.0，这样可抑制粪便中氨气的产生和散发，降低鸡舍中氨气的含量，减少氨气产生的臭味。具体方法是按 $1m^2$ 地面 0.5kg 硫黄的用量拌入垫料之中，铺垫地面。另外，利用过氧化氢、高锰酸钾、硫酸亚铁、硫酸铜、乙酸等具有抑臭作用的化学物质也可减轻鸡舍中的臭味。例如，用 4% 的硫酸铜和适量熟石灰混在垫料之中，或者用 2% 的苯甲酸或 2% 的乙酸喷洒垫料，均可起到除臭作用。

（2）丝兰属植物提取物除臭　丝兰属植物提取物能抑制脲酶的

活性，使尿素不能分解成氨气和二氧化碳，限制粪便中氨的生成。其有效成分是抑制脲酶的微量辅助剂。经试验发现，丝兰属植物提取物可使猪舍臭味减少49%，狗舍减少56%。火鸡、鸡舍效果明显，使用3周后氨浓度从40mL/m^{3}下降到30mL/m^3，使用6周后降至6mL/m^3。

（3）沸石等硅酸盐矿石除臭　沸石结构呈三维硅氧四面体，有许多排列整齐的晶穴和通道，表面积很大，对有害气体和水分有较强的吸附能力。方法是利用网袋装入沸石悬挂在鸡舍内，或者在地面适当撒上一些活性炭、煤渣、生石灰等，均可不同程度地消除空气中的臭味。

（4）吸附法除臭　利用木炭、活性炭、煤渣、生石灰等具有吸附作用的物质吸附空气中的臭气。方法是利用网袋装入木炭悬挂在鸡舍内，或者在地面上撒上一些活性炭、煤渣、生石灰等，均可不同程度地消除空气中的臭味。

（5）生物除臭　研究发现，很多有益微生物可以提高饲料蛋白质的利用率，减少粪便中氨气的排放量，可以抑制细菌产生有害气体，降低空气中有害气体的含量。目前，常用的有益微生物制剂（EM）类型很多，具体使用可根据产品说明拌料饲喂或拌水饮喂，也可喷洒鸡舍。

（6）中草药除臭　很多中草药具有除臭作用，常用的有艾叶、苍术、大青叶、大蒜秸秆等。具体方法：可将上述物质等分适量地放在鸡舍内燃烧，既可抑制细菌，又能除臭，在空舍时使用效果最好。

6. 提高饲料的消化吸收率

提高饲料的消化吸收率的具体做法：科学选择饲料原料；合理配制日粮；按可利用氨基酸需要量配制日粮；科学饲喂；利用添加剂，如酶制剂、酸制剂、微生态制剂、寡聚糖、中草药添加剂。

第四节　畜禽舍空气中微粒、微生物和噪声的控制

一　微粒

微粒是以固体或液体微小颗粒形式存在于空气中的分散胶体。

1. 舍内微粒的来源

舍内微粒主要来源于鸡的活动、咳嗽、鸣叫和饲养管理过程，如清扫地面、分发饲料及通风除臭等机械设备运行。另外，鸡舍的通风换气过程中也会将舍外的微粒带入舍内。

2. 微粒对鸡的影响

（1）影响散热和引起炎症　微粒落在皮肤上可与皮脂腺、皮屑、微生物混合在一起，引起皮肤发痒、发炎，堵塞皮脂和汗腺，皮脂分泌受阻，皮肤干且易干裂感染，还影响蒸发散热。微粒落在眼结膜上引起尘埃性结膜炎。

（2）损坏黏膜和感染疾病　微粒可以吸附空气中的水汽、氨气、硫化氢、细菌和病毒等有毒有害物质造成黏膜损伤，引起血液中毒及各种疾病的发生。

3. 降低鸡舍中微粒数量的措施

1）改善畜禽舍和牧场周围地面状况，实行全面的绿化，种树、种草和种植农作物等。植物表面粗糙不平，多绒毛，有些植物还能分泌油脂或黏液，能阻留和吸附空气中的大量微粒。含微粒的大气流通过林带，风速降低，大粒径微粒下沉，小粒径微粒被吸附。夏季林带可吸附 35.2% ~66.5% 的微粒。

2）饲料加工应远离畜禽舍，分发饲料和饲喂动作要轻。

3）保持发酵床地面干净，禁止干扫；禁止在舍内刷拭用具。更换和翻动垫草也应注意。

4）保持通风换气，必要时安装过滤器。

5）保持适宜的湿度。

二 微生物

鸡舍是鸡群生活的小环境，鸡舍内的湿度较大，粉尘又多，微生物来源也多，并且空气流动缓慢，没有紫外线灭菌，舍内空气中的微生物数量比大气中的多，在密集饲养的鸡舍中含有大量的病原微生物。一些病原微生物在鸡舍内不断滋生繁殖，可以引起鸡的传染病的发生和流行，危害鸡体健康和生产性能发挥。

1. 微生物的来源

（1）由空气带来　由于空气干燥和缺乏营养，大部分微生物不能在空气中存活很长时间，但有些抵抗力强的微生物（主要是一些能产生芽孢或具有色素的细菌、真菌的孢子）可以附着在空气中的微粒上而存活较长时间，特别是在疾病流行地区和一些污染源的地方含量较高。舍外空气中常见的微生物有芽孢杆菌属、无色杆菌属、八叠球菌属、细球菌属、酵母菌属、真菌属等，在扩散过程中被稀释，致病力减弱。

（2）生产活动带入　引种时检疫不严格而引入微生物，特别是一些病原微生物，病鸡、病原携带者（一般分为潜伏期病原携带者、恢复期病原携带者和健康病原携带者三类）或其他畜禽进入鸡舍带入；人员和设备用具的带入等。

（3）饲料和饮水带入　被微生物污染的饮水和饲料进入舍内将微生物带入舍内。

（4）鸡体排泄　鸡体内含有大量的微生物，在排泄过程中排出微生物。鸡在咳嗽、喷嚏、鸣叫和采食中均可喷出小液滴，其中含有微生物。

2. 传播途径

（1）直接接触传播　直接接触传播是指在没有任何外界因素的参与下，病原体通过被感染的鸡（传染源）与易感鸡直接接触（交配、啄斗等）而引起的传播方式。此种方式仅能传播因直接接触而传播的传染病。其流行特点是一个接一个地发生，形成明显的链锁状。这种方式使疾病的传播受到限制，一般不易造成广泛的流行。

（2）间接接触传播　必须在外界环境因素的参与下，病原体通过传播媒介使易感鸡染病的方式称为间接接触传播。从传染源将病原体传播给易感动物的各种外界环境因素称为传播媒介。传播媒介可能是生物（媒介者），也可能是无生命的物体（媒介物）。

3. 微生物的危害

（1）引起鸡体发生疫病　病原微生物作用于鸡体引发传染病的暴发和流行。目前，鸡的传染病多达七八十种，给养殖业带来巨大危害和损失，成为制约养鸡业发展的一个主要原因。

（2）破坏机体屏障作用　例如，支原体随空气进入呼吸道，然后吸附到纤毛和上皮细胞表面，支原体不仅可以进入肺部和气囊，引起肺和气囊的病变，而且可以从呼吸道穿透血液，抑制免疫系统的防御机能和引起关节、卵巢和其他器官的病变。

（3）污染环境 一些微生物的滋生繁殖造成环境污染，不仅危害鸡体健康，而且严重影响鸡的生长和生产。人们为了提高鸡群生产性能和维持健康，不得不在饲料中大量使用抗生素和其他药物，导致大量的药物排泄到环境和残留在产品中，破坏生态环境，影响了产品质量。

4. 降低鸡舍中微生物数量的措施

（1）养鸡场远离污染源 场址选择、隔离、合理规划。

（2）加强绿化 绿色植物可以过滤、吸附空气中的微粒，减少场区和鸡舍中微生物的数量。

（3）良好的管理 良好的管理包括：

1）舍内空气清洁，通风适量，空气应过滤和消毒。

2）及时清除舍内的粪尿和污染垫草并进行无害化处理。

3）改进饲养工艺。饲养方式与密度对空气中微生物的数量有重要影响，如垫草平养鸡舍内细菌的数量比网上饲养高 15~20 倍。鸡舍内饲养鸡只的密度越大，空气中的微生物数量越多。

（4）加强消毒 制订科学的消毒程序进行严格有序的消毒。消毒一般包括消毒池消毒、带畜禽消毒、空舍消毒、饮水消毒、环境消毒等几个方面。

（5）养鸡场隔离卫生 养鸡场隔离卫生具体内容包括：

1）制定严格的卫生防疫制度。制定全年工作日程安排、饲养和防疫操作规程，建立鸡舍日记等各项工作记录和疫情报告制度。养鸡场的卫生防疫制度要明文张贴出来，由主管兽医负责监督执行。

2）实行生产专业化。鸡与其他家禽之间不能混养；各个年龄段的鸡分开独立建场，保持一定距离，如可分为育雏场、育肥场。专一生产有利于疾病控制。不同年龄的鸡对疾病的抵抗力不同，有不同的易发疫病。养鸡场内如有几种不同日龄的鸡共存，则日龄较大的患病鸡或已病愈但仍带毒的鸡随时可将病菌传播给日龄小的鸡，因此，从育雏到上市或被淘汰的整个饲养期中，病菌可能存在于日龄较大的鸡群中不发病，但却可以将病原传给场内日龄较小的敏感雏鸡，引起疾病的暴发。因此，日龄档次越多，鸡群患病的机会就越大。

3）采用全进全出的饲养制度。全进全出就是一个养鸡场或一栋鸡舍在同一日龄进雏，然后在同一日龄淘汰上市，一个养鸡场只养一个品种同一个日龄的鸡。

> ◆ 【提示】 采取"全进全出"的饲养制度是防止疾病传播的有效措施之一。"全进全出"使得养鸡场能够做到净场和充分的消毒，切断了疾病传播的途径，从而避免患病鸡或病原携带者将病原传染给日龄较小的鸡。

4）保持适宜的环境条件。饲养密度要适宜，密度过大则舍内容易污浊，微生物易于滋生。密度过大，鸡体的体质差，抵抗力降低，易发生疾病，更易于病原微生物的滋生繁殖。舍内湿度应适宜，适宜的湿度利于尘埃和微生物沉降。

5）加强引种管理。养鸡场引种要选择洁净的种鸡场。种鸡场污染严重，引种时也会带来病原微生物，特别是我国现阶段种鸡场过多，管理不善，净化不严，更应高度重视。养鸡场应到有种鸡和种蛋经营许可证、管理严格、净化彻底、信誉度高的种鸡场订购雏鸡，避免引种带来污染。

6）养鸡场谢绝参观。养鸡场应禁止其他养殖户、鸡蛋收购商和死鸡商贩进入。管理区和生产区人员不能互串。

7）进入养鸡场和鸡舍的人员和用具要消毒。回场的蛋盘和鸡笼放在围墙外，直接送入消毒池内浸泡消毒后，从生产区取出洗净备用。最好使用一次性集蛋箱和蛋盘。

8）病鸡和死鸡经诊断后应深埋，并做好消毒工作，严禁销售和随处乱丢，防止传播疾病。

9）保持鸡舍和鸡舍周围环境卫生。及时清理鸡舍的污物、污水和垃圾，定期打扫鸡舍顶棚和设备用具上的灰尘，每天进行适当的通风，保持鸡舍清洁卫生；不在鸡舍周围和道路上堆放废弃物和垃圾。最好设置专门的储粪场，对粪便进行无害化处理，如堆积发酵、生产沼气或烘干等处理。

10）保持饲料和饮水卫生。饲料不霉变，不被病原污染，饲喂用具勤清洁和消毒；饮用水符合卫生标准（人可以饮用的水，鸡也可以饮用），水质良好，饮水用具要清洁，饮水系统要定期消毒。

注意防害灭鼠。昆虫可以传播疫病，要保持舍内干燥和清洁，夏季使用化学杀虫剂防止昆虫滋生繁殖。老鼠不仅可以传播疫病，而且可以污染和消耗大量的饲料，危害极大，必须注意灭鼠。养殖场应每2~3个月进行一次彻底灭鼠。

三 噪声

物体呈不规则、无周期性振动所发出的声音叫噪声。从生理角度讲，凡是人们讨厌的、令人烦躁的、不需要的声音都叫噪声。

（1）鸡舍内的噪声来源　鸡舍内的噪声主要来自外界传入，以及场内机械产生和鸡自身产生。鸡对噪声比较敏感，容易受到噪声的危害。

（2）噪声对鸡体健康的影响　噪声，特别是比较强的噪声作用于鸡体，引起严重的应激反应，不仅能影响生产，而且使鸡的正常生理功能失调，免疫力和抵抗力下降，危害健康，甚至导致死亡。有多起鞭炮声、飞机声致鸡死亡的报道。

（3）消除或减弱噪声危害的措施　场址远离噪声源，如工矿企业、交通干道、加工厂等；加强绿化，选择噪声小的设备。

第三章

养殖环境防治新技术

第一节　养鸡场粪污处理新技术

　　鸡粪便中含有大量的病原微生物、寄生虫卵和滋生的蚊蝇，易造成环境中病原种类增多，以及病原菌和寄生虫的大量繁殖。同时，鸡粪自身也是一种重要的有机植物营养资源，将鸡粪转化为有机肥料，不仅可提高农副产品的产量和质量，也可降低污染环境的风险。

一　废弃物资源化利用

　　目前，鸡粪的处理和开发利用的主要途径有：加工成再生饲料；加工生产优质鸡粪肥料和复合有机肥料；用作燃料——沼气发酵原料。关于鸡粪的处理技术，国内的传统做法是：将湿粪直接或仅自然风干，或者自然堆肥发酵后作为肥料施用；也有些人直接将鸡粪撒入鱼塘喂鱼。近年来，有人及养殖户采用塑料棚内晾干，地窖或塑料袋中青贮发酵等方式，将鸡粪制成再生饲料。但随着大中型规模化养鸡业的发展，鸡粪处理技术和设施也有了突飞猛进的发展，现将几种鸡粪处理技术归纳如下：

1. 干燥处理

　　干燥是鸡粪处理的一个主要的方式，其目的不仅在于减少鸡粪中的水分，而且还要达到除臭和灭菌（如一些致病菌和寄生虫等）的功效。因此，干燥鸡粪能有效降低鸡粪对环境的污染。干燥后的鸡粪具有多种途径，如可作为燃料燃烧、加工成颗粒肥料或作为畜禽的饲料等。国外鸡粪干燥技术的研究始于20世纪60年代后期，而我国始于20世纪90年代末。目前主要的干燥方法有太阳能干燥、气流干燥、笼舍内干燥、微波干燥、发酵干燥、火力干燥等。

（1）太阳能干燥　将鸡粪直接堆放在露天或送到塑料大棚、特定房屋内，在太阳光下晒干，或者加上搅拌机沿棚内两侧铺设的导轨往复运行，其搅拌杆正反转动，反复搅拌，可捣碎、搅拌和推送鸡粪，加快干燥速度，并利用风机强制排湿，粪层厚度小于15cm，可采用"全进全出"成批量或分段干燥的作业方式。

太阳能干燥采用塑料大棚中形成的"温室效应"，充分利用太阳能来对鸡粪做干燥处理。湿鸡粪装入混凝土槽，搅拌装置沿着导轨在大棚内反复运行，并通过搅拌板的正反转动来捣碎、翻动和推送鸡粪。利用大棚内积蓄的太阳能使鸡粪中的水分蒸发出来，并通过强制通风排除大棚内的湿气，从而达到干燥鸡粪的目的。在利用太阳能做自然干燥时，有的采用一次干燥的工艺，也有的采用发酵处理后再干燥的工艺。在后一种工艺中，发酵和干燥分别在两个大槽中进行。鸡粪从鸡舍铲出后，每次送到发酵槽中，发酵槽上装有搅拌机（见图3-1），定期来回搅拌，每次能把鸡粪向前推进2m。经过20天左右，将发酵的鸡粪向前推送到腐熟槽内，在槽内静置10天，使鸡粪的含水量降为30%～40%。然后，把发酵鸡粪转到干燥槽中，通过频繁地搅拌和粉碎再将鸡粪干燥，最终可获得经过发酵处理的

图3-1　搅拌机作业

干鸡粪产品。这种产品用作肥料时，肥效比未经发酵的干燥鸡粪要好，使用时也不易产生问题。

（2）气流干燥 有些鸡粪加水冲刷清粪，需要格栅和分离机分选出鸡毛等杂物后，经压滤机脱水，再用气流干燥机进一步干燥。另外，鸡粪中含有大量没有吸收的营养物质，鸡粪经高温处理后，作为肥水剂或培养基使用，可增加鸡粪的附加值。

（3）笼舍内干燥 笼舍内干燥是国外先进技术：日本名古屋举办的第十八届国际养鸡博览会上展出鸡粪在鸡笼内进行初步蒸发干燥所需的鸡笼结构，其主要采用乳头式饮水器加防滴漏水杯水槽，平时不用水冲洗组合饮水器和鸡食槽，鸡粪中不掺入水分，笼内设置通风管，利用冷暖空气降低鸡粪含水量，高床式鸡舍使鸡粪掉落在笼下的栅条形等木架上，分层堆积干燥，使鸡粪含水量在70%以下，不黏手。目前美国针对笼养鸡也采用类似方法，使鸡粪自由掉落在鸡粪排污槽内，控制舍内饮水装置，减少漏水，利用禽舍通风技术降低鸡笼下面鸡粪排污槽内鸡粪的含水量（见图3-2）。

图3-2 笼养粪便处理

在国外最近推出的新型笼养设备中，都配置了笼内鸡粪干燥装置，适用于多层重叠式笼具。在这种饲养方式中，每层笼下面均有一条传送带承接鸡粪，并通过定时开动传送带来刮取并收集鸡粪。这种鸡粪干燥处理方法的核心就是直接将气流引向传送带上的鸡粪，使鸡粪在产出后得以迅速干燥。为了实现这一目标，有几种不同的处理工艺。加拿大一个养鸡场建造了一个粪便干燥室，把鸡舍排风管排出的热风全部集中到干燥室，干燥室中有从上到下交叉的 8 层输送带，鸡粪从最上层的输送带逐层下降到最下层，鸡粪就干燥了。另外，干燥室安装有一个大风机，把干燥过程中挥发出的水分抽出来。此种方法干燥后的鸡粪可以直接装包。美国目前通过改造鸡舍通风技术直接在鸡舍内将鸡粪干燥、装包，并在通风位置布设测臭气装置，监测结果显示臭味明显减少，其鸡舍的通风设施如图 3-3 所示。

图 3-3　美国鸡舍通风措施

（4）微波干燥　采用大型微波设备干燥鸡粪，利用微波的热效应提高鸡粪温度，蒸发其中的水分，同时利用微波的强大电场能破坏多种高分子的结构，引起蛋白质、核酸及生理活性物质的变性，达到杀菌灭虫的效果。微波干燥速度快，除臭和杀菌效果好，国外有很多微波干燥的例子，我国上海也曾试用过这一方法。采用微波干燥设备处理鸡粪是将鸡粪干燥处理后，经冷却、粉碎、搅拌、造粒等工艺，分别制成粉状或颗粒肥（饲）料。

（5）发酵干燥　将含水量在 70% 以上的鲜鸡粪进行水分调节，用于自然干燥、烘干，加入木屑、秸秆（小麦秸秆、玉米秸秆）等使其含水量降至 65% 左右，然后进行有氧发酵处理。所谓有氧发酵处理粪便是在有氧条件下，利用自然微生物或接种微生物将有机物转化为二氧化碳与水，在适宜的温度、湿度及供氧充足的条件下，好气菌迅速繁殖，将粪中的有机物质大量分解成易被消化吸收的形式，同时释放出硫化氢、氨气等气体，在 45~55℃下处理 12h 左右，可获得除臭、灭菌、灭虫的优质有机肥料和再生饲料的方法。为了完善粪便有氧发酵处理技术，减少处理中氨气的损失，各国科学家对除臭剂的选择、除臭技术及减少氨气损失的方法进行了大量的研究，并取得了显著成效。简单的有氧发酵处理主要是在粪床上搅拌或用铲土机堆捣后进行堆积发酵，发酵一般在 20 天左右，这一方式的温度高达 70℃，可将致病菌和虫卵杀死。经过这一有氧发酵后，将鸡粪制成粉状肥料或加工成颗粒状肥料，用作花木和农田的有机肥，使用起来既卫生又方便。此方法的优点是投资少、方法简单易学，缺点是占地面积大、冬季发酵效率降低及辅料成本高。因此，一些发酵装置如雨后春笋般发展起来。

塔式发酵罐是一种立式、筒状发酵装置，如图 3-4 所示。罐体内层可以转动，起到搅拌作用，鸡粪与辅料从顶端加入，罐内安装加热装置，可对物料加热，罐内发酵温度可达到 45 ~ 65℃，冬天也能正常发酵。发酵罐内层与外层之间有保温材料，释放出的气体经喷淋除臭达到无气味污染。此设备最大体积可达 100m³，发酵周期为一周，每天可处理 10 万只鸡的排泄物。此设备的优点是处理量大，无二次污染；缺点是投资大，主设备价格在 100 万元以上。

图 3-4 塔式发酵罐

卧式双层发酵罐为高温发酵处理装置，如图 3-5 所示。该发酵罐利用导热油进行加热，罐内具有搅拌装置。鸡粪与辅料（锯末等）、耐热益生菌混合后装入发酵罐，经 80℃ 发酵 8h，即可完成发酵。此类发酵罐的最大处理能力为 100m³，每班次耗电 2000kW。该装置的优点是发酵时间短，处理效率高，每台50m³发酵罐每天可处理100万只鸡的排泄物；缺点是电能消耗高，需要铺设专用电缆，主设备造价100万元左右。

图3-5　卧式高温鸡粪发酵罐

双相固体发酵机（见图3-6）是将鸡粪与辅料（麸皮等）、益生菌按一定比例混合后发酵，使其水分含量在60%左右，装入发酵罐内，35~45℃发酵24h，鸡粪变成黄绿色且有微酸香甜的气味时升温至80℃，灭活30min，装入密封袋保存。产品可做有机肥、肥水剂或饲料。该设备适于中小型养鸡场或养猪场使用。

图3-6　双相固体发酵机

另外，还有一种发酵方式为充氧动态发酵机，主要用于生产鸡粪再生饲料，该发酵机采用"横卧式搅拌釜"结构，先将预干燥至含水量为45%的鸡粪、副料（其他饲料）及发酵菌种的混合料装入充氧动态发酵机内，通过在装置内部搅拌混合，充入热空气，使发酵机内温度始终保持在45～55℃，在充氧条件下快速发酵，发酵时间一般8～12h，同时进行装置内高温灭菌杀虫和干燥，制成粉状再生饲料，或者进一步加工成颗粒混合饲料。充氧动态发酵机采用搅拌釜结构，带有搅拌器、隔层热水套、热风供给装置及恒温控制装置等。

（6）快速连续干燥加工 由广州市农机研究所、华南农业大学农业工程系联合设计的鸡粪干燥加工生产线是适合大中型养鸡场的配套装置。该加工生产线是将从鸡舍直接送来含水量小于80%的鲜鸡粪干燥、加工成便于储存和运输的商品化系列产品——散碎状、粉状或圆柱颗粒状的有机肥料或饲料。从湿料投放到成品包装的过程为机械连续作业，并配有除尘、废气净化等环境保护设施及余热回收利用等节能装置。经过处理的鸡粪，其养分保存率达90%，总蒸发量达550～650kg/h，设计处理量为湿鸡粪1t/h。

2. 燃烧处理

日本将干燥后的鸡粪（含水量小于30%）用作燃料代替重油，这需要专门的燃烧鸡粪的装置。每克含水量为20%的鸡粪的燃烧热为12.5kJ，相当于重油0.3L。荷兰也成功研制出一种富有创造性的鸡粪处理方法，利用一套专门设备将鸡粪压缩脱水，使其体积缩小到原来的1/4，然后再把它制成直径为60mm，长度为200～300mm的粪条。将这些粪条放在燃烧装置内燃烧，产生的热量用于给鸡舍加温，以维持恒定的育雏温度。

3. 沼气发酵

沼气发酵也叫厌氧发酵，是利用自然微生物或接种微生物在缺氧条件下将有机物转化为二氧化碳与甲烷的过程。其优点是处理的最终产物恶臭味减少，产生的甲烷可以作为能源使用。缺点是氨气挥发损失多，处理池体积大。为克服这些缺点，美国的俄亥俄州发明了一种厌氧消化器，可以有效地控制恶臭气体产生，大大缩短处理时间，而且其体积是厌氧处理池的百分之一。有学者研究发现，沼气发酵热量为$2.3 \times 10^7 J/m^3$，与城市煤气发热量基本相同，可以用其代替电、石油等能源。据有关报道称，每千克鸡粪可产沼气

0.094～0.125m³，鸡粪发酵产生的沼气主要为燃料和照明用。但一次性投资过大，沼气池长期效果受温度影响较大，冬季产气量小，集约化畜禽场远离居民点，使沼气的利用遇到困难。因此，目前有学者研究了可移动的便携式组装沼气装置（见图3-7），可以处理小规模养鸡场的粪污，投资经费低，占地面积少，可以多个养鸡场共同使用。

图 3-7　移动的便携式组装沼气装置

4. 生化处理

生化处理主要采用一种联合发酵法：鸡粪中掺入一定量水使其成为稀浆状，经72h发酵，然后吸入一套蒸馏装置分解出酒精。酒精分解后剩下的"釜馏物"可放在一个标准甲烷发生器中蒸煮，而后生成甲烷和二氧化碳组成的"生物气体"，该气体经压缩后，由一台改良过的内燃机来发电。上述产气装置和蒸馏装置的废热能够用来加热发酵器、甲烷发生器及包括鸡舍在内的农场建筑物等。

5. 生物转化

某些低等生物能分解鸡粪中的物质合成生物蛋白和多种营养物质，最终为人类所用。藻类能将畜禽粪便中的氮转化为蛋白质，并且繁殖速度快。沼气发酵后的厌氧发酵液倒入含有藻类的池塘，每年每公顷可产藻类 11～15t。藻类可以制成藻粉，藻粉可作为畜禽的饲料。蝇等食粪类昆虫能有效地利用粪便，如每千克新鲜鸡粪能孵化 0.5～1.0g 蝇卵成蛹。蛹粉是良好的限制性氨基酸的主要来源，其氨基酸质量与肉和鱼粉相同，蛹粉也是雏鸡开食日粮中的蛋白质、氨基酸和矿物质的丰富来源。此外，一些微生物，如细菌和酵母菌通过有氧发酵能有效地利用鸡粪中的尿酸，使发酵终产物的粗蛋白含量达50%，其氨基酸成分与大豆相似，发酵后的鸡粪是很好的畜禽饲料。

6. 热喷技术

热喷技术是一种能大批量处理畜禽粪便，使之转化为有机肥的技术。它可在短时间内除臭灭菌、杀虫卵和分解有机质等。热喷工艺是将新鲜鸡粪的含水量控制在30%以下，再装入密闭的膨化（热喷）设备中，加热至200℃，压力为1~1.5MPa，经过3~4min处理，迅速将鸡粪喷出，其容积比原来可增大30%左右。经此法处理的鸡粪饲料膨松适口，富有香味，可使有机质消化率提高10%，病原菌全部被杀死。该设备的优点是可以杀死病原菌，处理效率高；缺点是需要干鸡粪，需要有压力容器操作工。

7. 再生饲料

鸡粪的再生利用途径很多，有再生能源的利用，有肥源的利用，也有饲料的再生利用，作为饲料的再生利用是鸡粪利用的主要手段。鸡粪中含有较高的可利用营养物质，这是由于鸡的生理特性决定的，鸡的消化道较短，对饲料的利用率低，一般消化利用率为30%左右，未完全消化的食物随粪便排出。

【小知识】>>>>>

脱水蛋鸡粪中干物质含量占89.05%±7.7%，粗蛋白占28.0%±3.2%，真蛋白占11.31%±0.41%，可消化蛋白占14.4%，粗纤维占12.7%±1.9%，粗脂肪8%~10%，无氮浸出物22%~46%，同时还含有所有必需氨基酸，其中有0.51%的赖氨酸和1.27%的蛋氨酸，其含量均超过玉米、高粱及大麦等谷物饲料。鸡粪中还含有钙、磷和丰富的铜、铁、锌、锰等微量元素及多种B族微生物，并且维生素B_{12}较多。

鸡粪经适当的加工后便可成为较好的饲料资源。20世纪50年代，国外对鸡粪的再生利用就开展了研究。鸡粪中粗蛋白含量较高，一般为25%~35%，高于一般的能量饲料中的粗蛋白含量，几乎与大豆相当，但鸡粪中真蛋白占粗蛋白的30%~50%，粗蛋白中的尿酸、氨、尿素等不宜被单胃动物所利用，但适宜被反刍动物瘤胃内的微生物直接利用，其消化率为 85% 左右。鸡粪经发酵处理后，非蛋白氮可被微生物利用合成菌体蛋白，进而被单胃动物利用。

鸡粪喂牛和羊的试验开展较早，有研究发现用鸡粪喂羔羊、犊牛和阉牛效果较好。也有学者发现，用占日粮 10% ~27% 的干鸡粪作为氮补给饲料喂羔羊，其饲养效果等同于苜蓿粉。同时苏联和美国试验证明，在犊牛口粮中添加 20% 干鸡粪替代大豆粉，对犊牛的增重及胴体均无不良影响。干鸡粪作为饲料中的蛋白源可代替豆饼，保证鱼类正常生长。用鸡粪喂猪早已在我国农村开展。例如，江苏省一农民在 10kg 的苗猪饲料中加 40% 发酵鸡粪，苗猪每增重 1kg，只需要 2.36kg 精饲料，节约 50% 的饲料投入量。日本和服蜀山种鸡场用干燥鸡粪三份加一份猪的混合料喂猪，育成一头猪仅需要混合料 90kg，以后饲养量逐年增加，两年多，鸡粪共创造了 6 万多元的经济效益。鸡粪还能再次为鸡利用。有关报道显示，在常规饲料中加入干鸡粪喂养四周龄的小鸡，其中鸡粪加入量为 5% ~20%，试验组的体重和胴体质量与对照组无明显差异。总之，在畜禽饲料中添加一定量的鸡粪，对畜禽的体重和胴体质量等指标无明显不良影响，有时反而效果更好，鸡粪作为畜禽饲料来源能够缓解我国粮食不足、饲料缺乏、饲养成本过高的问题，能有效扩大畜牧业生产，取得良好的经济效益和社会效益。

二 生态养殖发酵处理

畜禽生态养殖通过一定的技术和饲养管理，将畜禽粪便等废弃物进行无害化和熟化等技术处理。生态养殖主要是循环利用能源，减少污染物的排放，达到农业、畜牧业自然循环，以及生态平衡的可持续发展的目的。

1. 网床发酵粪污生态养殖

主要针对平养鸡场的网床发酵粪污生态养殖技术是结合现代微生物发酵处理技术提出的一种环保、安全、有效的生态养鸡法（见图 3-8）。它是利用周围自然环境中的生物资源，从土壤中采集出一种微生物菌落，经过特定营养剂的培养，形成白色 EM 菌种发酵液，将EM菌种发酵液按一定比例掺拌酒糟、锯末或稻壳和泥土，以此作为鸡的垫料。利用鸡的翻刨习性，使鸡粪和垫料充分混合，通过EM菌种发酵液的分解发酵，使鸡粪中的有机物质得到充分的分解和转化，微生物以尚未消化的鸡粪为食饵繁殖滋生，随着鸡粪被消化，臭味减弱，同时繁殖生长的大量微生物又向鸡提供了无机物和菌体蛋白，从而将鸡舍演变成饲料工厂，达到健康养殖与粪便零排放的目的。其优点是不需要冲洗鸡舍，减少污水排放。待成鸡出栏后，垫料清出圈舍即成为优质的有机肥。实现了一种高效益、零排放、无污染的生态养鸡模式。

图3-8 生态发酵床

2. 种养结合生态养殖

种养结合生态养殖技术是将畜禽废弃物等循环利用于能源和农作物种植，既减少了污染物的排放，也实现了农业、畜牧业自然循环、生态平衡的可持续发展，不仅成功地解决了粪便污染问题，还产生了相当可观的经济效益、环境效益和社会效益。

（1）"种—养"结合型模式（见彩图6）　畜禽粪便中含有大量的有机质和氮、磷、钾等作物生长所需的营养物质，是一种宝贵的有机肥源，施于农田后有助于改良土壤结构，提高土壤有机质含量，促进农作物的增产，是畜禽养殖与种植业之间最简单、最原始、最环保的再利用方式。这一模式的流程是：农作物→畜禽养殖→畜禽粪便→农作物肥料，典型的生态循环模式。

（2）"种—养—沼"模式（见图 3-9） 畜禽粪污在产生沼气的发酵过程中，粪便中的病原菌、寄生虫卵可减少 95% 以上。沼气用作能源供做饭、采暖（如温室大棚等）、照明、发电用。沼液是一种速效性有机肥料，用来浸种、浸根、浇花，并可对作物、果蔬叶面、根部施肥，浸种可使有壳种子的发芽率达 98% 以上，成活率可提高 16%。用沼液做蘑菇的生物助长激素，不仅可以使蘑菇提前 10 天左右上市，还可提高产量 15% 左右。沼液喷施果树苗能明显提高果树叶片的抗冻能力。沼液作为优质饵料，用以喂鸡、喂猪、养鱼、养虾等效果较好。沼液喂猪具有增重快（缩短育肥期 25% 左右）、成本低（节约饲料 15% 左右）、饲料转化率高等优点。沼液养鱼可提高浮游生物量，减少鱼病发生，提高鱼苗成活率，增加成鱼量，鱼苗与成鱼产量可平均增加 16%。沼渣可用以培养食用菌、蚯蚓，解决畜禽蛋白质饲料不足的问题。剩余的废渣还可以返田增加肥力，改良土壤，防止土地板结。"种—养—沼"模式是以畜禽养殖为中心，以沼气工程为纽带，集种、养、鱼、副、加工业为一体的典型生态养殖模式，具有生产成本低、资源利用率高、环境保护效果好等优点，但缺点是投资规模较大。

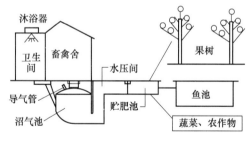

图 3-9 "种—养—沼"模式

（3）"种—禽—林"模式（图 3-10） 利用林树、果树间空地进行家禽的放养，让其在林中自由活动，采食林间的杂草和虫蚁，充分利用自然生态饲料，粪便还田。

该模式的优点有：

1）养殖的家禽可以充分利用林地闲置的空间生长，既可除草、灭虫，又可充分利用家禽肥增加地力，有利于树木的生长。

2）家禽在林地内生活，活动范围大，肉质好，无污染，养殖效益高。

3）林地内发展养殖业，节省开支，见效快，风险低，管理简便，是致富的好门路，经济效益、社会效益、生态效益实现"三赢"，促进林业、养殖业、生态效益的共同发展。

4）种植与养殖的有机结合，不仅可以科学地利用家禽的排泄物，提高果园有机质的含量，使土壤酶活性增加，而且还可以有效地减少果园的病虫害，使种植和养殖的成本大大降低，提高果园的经济效益。

该模式的缺点是要求土地面积大，养殖规模有限，家禽的生长速度较慢，不适合大规模养殖，适合林地资源丰富的地区推广。

图3-10 "种—禽—林"模式

（4）"种—养—菇"模式 "种—养—菇"模式是将畜禽粪便在阳光下晒干后粉碎或堆积发酵，以一定比例与粉碎后的秸秆等混合，制作成蘑菇的培养料的模式。该模式使畜禽粪便中的营养物质得到了充分利用，种植蘑菇的废料还可以继续利用来种植其他的菇类，或者还田种菜、种粮。"种—养—菇"模式形成了畜禽粪便与种植蘑菇的循环利用生产，基本不存在粪便污染，而且经济效益显著。

三 粪污处理的注意事项

1）我国应根据国情或各地区的不同情况研制不同的加工处理方法，有比较地借鉴国内外的处理方法。北方气候干燥，鸡粪的含水量较低，上述处理方式未必都能合适，需要甄选较优的适合我国北方鸡粪处理的方式，不仅要因地制宜，同时还要能有效降低处理成本，一种方式不合适可以几种方式结合起来，如现在国内发展的把太阳能大棚预干燥或发酵与后续烘干结合起来的方法；我国南方气候潮湿，鸡粪的含水量较高，用干燥法往往得不偿失，故应大力推广发酵法或发酵干燥法等。

2）对不同规模的养鸡场，处理方法也应有所区别。大中型养鸡场，用干燥法尤其是发酵干燥法可实现工业化生产，养鸡场对投资也可以承受，可形成规模效益。而小型养鸡场，投资经费有限，占地面积有限，可以采用小型发酵装置等处理方式。

3）由于鸡粪处理正向着能耗低、污染小的方向发展，发酵工艺备受关注，如果将发酵与干燥结合起来，克服了发酵法与干燥法的缺点与不足，发挥两者的优势，既能节省能源，又不会造成二次污染。

4）种养结合是一个生态、经济和技术复合的人工生态系统，是现代养殖业与种植业之间对立统一的关系。采用这种方式要提前做好环境评估及相应的环保措施，防止污染的发生。

第二节　养猪场粪污处理新技术

一　养猪粪直接返田

猪粪直接返田是猪粪最原始的利用方式。新鲜猪粪不能直接还田使用，需要经过堆积发酵熟化后才可还田使用，可以参考利用《一种畜禽养殖场废物储存装置》（成建国专利）（见图3-11）进行猪粪储存发酵。粪直接返田可用机械还田（见彩图7）和人工还田方式（见图3-12），猪粪中所含的大量的氮和磷可供作物利用。通过土层的过滤、土壤粒子和植物根系的吸附、生物氧化、离子交换、土壤微生物间的拮抗，使进入土壤的粪肥水中的有机物降解、病原微生物失去生命力或被杀灭，从而得到净化；同时，还可增加土壤肥力而提高作物产量，实现资源化利用。该方法适用于中小型养猪场、家庭农场等。

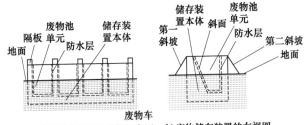

a) 废物储存装置的主视图的结构示意图　　b) 废物储存装置的左视图

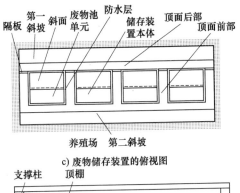

c) 废物储存装置的俯视图

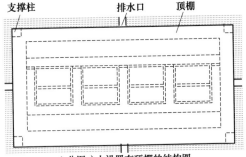

d) 分图a)上设置有顶棚的结构图

e) 分图c)上设置有顶棚的结构图

图 3-11　猪粪储存装置

图3-12　猪粪发酵后可直接人工施入田间

二　高温堆肥处理

高温堆肥处理可避免长期、过量使用未经处理的鲜粪尿所造成的粪污微生物、寄生虫等对土壤造成污染及寄生虫病和人畜共患病的蔓延，粪便采用发酵或高温腐熟处理后再使用，一般采用堆肥技术。堆肥处理是在微生物作用下通过高温发酵使有机物矿质化、腐殖化和无害化而变成腐熟肥料的过程。在微生物分解有机物的过程中，不但生成大量可被植物利用的有效态氮、磷、钾化合物，而且又合成新的高分子有机物腐殖质，它是构成土壤肥力的重要活性物质。

> ➡ 【提示】　地面堆置有氧发酵是目前较先进和最节省土建、人力资源的一种制肥模式，需将物料堆成长形条垛，由翻堆机定时对物料实施搅拌、破碎，在有氧条件下进行有机物的分解。此方法非常适合小型养殖场使用。

地面堆置有氧发酵（见图3-13）可除臭、升温、灭菌，三天开始干爽，七天成肥，不仅比使用其他机械手段发酵速度快得多，而且效率高得多，还有效防止了发酵过程中硫化氢、氨气、吲哚等有害的恶臭气体的产生，即符合环保要求，又能大量生产上好的生物有机肥。

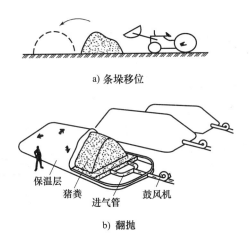

a) 条垛移位

保温层　猪粪　进气管　鼓风机

b) 翻抛

图 3-13　猪粪有氧堆置发酵

在条件许可下，可设一小型有机肥加工厂，建筑面积约为
500m²，猪粪通过拌和、发酵和烘干制成有机肥（图 3-14）。

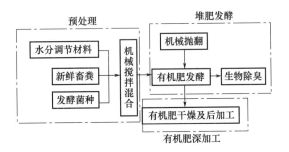

图 3-14　有氧堆肥法生产有机肥的工艺流程

三 机械烘干处理

机械烘干处理是将猪粪进行机械烘干（见图 3-15），不但可以杀
灭粪污中的病毒、病菌，防止粪污中的病菌再次传播，同时便于粪
污保存。烘干的粪污可以直接还田，也可以经生物发酵后和其他配
料一起生产有机肥。目前，猪粪烘干机有多种。

图 3-15　烘干机械

四　沼气发酵

　　沼气发酵是指利用畜禽粪便进行厌氧发酵，发酵产生的沼气则成为廉价的燃料，采用固液分离机械（见图 3-16 和图 3-17）分离出来的沼渣、沼液则成了优质肥

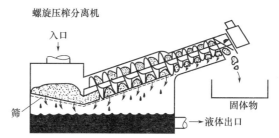

螺旋压榨分离机

入口

筛

固体物

液体出口

图 3-16　猪场粪尿固液分离机

料，不但保护环境，而且提高了经济效益。实践与研究证明，粪尿厌氧发酵能使寄生虫灭活，消除恶臭，减轻对土壤、水、大气的污染。将沼渣、沼液制成肥料能增加土壤有机质、碱解氮、速效磷及土壤酶活性，使作物病害减少，降低农药使用量，提高农作物产量和品质。

图 3-17　猪场粪尿固液大型分离机械

五 发酵床养猪原位消纳粪污工艺

发酵床养猪原位消纳粪污工艺是利用农副秸秆、稻壳、锯末等产品按照一定比例制作成发酵床，在发酵床上养猪，猪的粪尿排在发酵床上，通过猪拱圈和人工翻圈和微生物降解对猪粪尿原位消纳处理的一种方式（见彩图 8 和图 3-18）。

该工艺改善了猪舍环境，使猪舍无臭味，废弃的发酵床垫料还可作为有机肥利用，能实现完全意义上的生态养殖。

图 3-18　猪粪尿原位消纳

优点：猪舍内猪粪尿、污物原位置消纳，省却了粪污处理的设施及场地；该工艺可节约用水；减少了舍内氨气、硫化氢等的排放；适合保育猪，冬季保温效果较好；可消纳大量农副废弃资源，如锯末、稻壳、秸秆、甘蔗渣等，促进废弃资源的循环利用。

缺点：翻堆垫料费工费力，处理不及时产生蚊虫、臭味甚至死床，无法机械化操作；猪直接接触垫料导致接触性皮炎过敏，寄生虫、病菌感染；夏季天热，猪不愿在发酵床上生活，降温效果差。

随着垫料使用时间的延长，垫料发生着一系列复杂的物理、化学、生物反应，发酵床中的微生物对粪尿的消纳、降解能力也逐步减弱，此时垫料不再适宜养猪。和新垫料相比，废弃垫料中的盐分浓度增加，酸碱度改变，氮、磷、钾及重金属含量增加，碳氮比降低。废弃垫料经再次堆积发酵后可作为有机肥还田利用。日本将锯末稻壳型发酵床废弃垫料用于水稻、大葱等种植，改良土壤，生产优质农作物和果蔬。在使用发酵床废弃垫料时应根据农作物和蔬菜品种、地力等差异调整使用剂量，按有机肥标准合理应用。

第三节 养牛场粪污处理新技术

养牛场粪污中含有多种成分，经无害化处理后能转变成多种有用资源。目前，主要的处理方法有直接发酵还田、堆肥技术、沼气技术、发酵床技术、蚯蚓养殖技术、双孢菇养殖技术和制作生态固体燃料等。

一 养牛场粪污清理方式

养牛场粪污清理方式主要有人工清理和机械清理，人工清理是指人工与推车或拖拉机等设备结合来清理粪污，主要适用于中小型养牛场；机械清理主要是用铲车（见图 3-19）、自动刮粪板（见图 3-20）等设备进行清理。另外，还有水冲式清理粪污，现已不多用。

图 3-19　清粪铲车

图 3-20　自动刮粪板

二 养牛场粪污处理方法

1. 直接发酵还田

养牛场粪污收集于粪水池（见图 3-21）中，经过自然沉积和发酵后经机械直接抛洒到田间（见图 3-22）作为肥料的方式称为直接发酵还田。由于国内土地资源限制，该方法多见于国外养牛场。

图 3-21　粪水池（美国）

2. 堆肥技术

堆肥技术分为有氧堆肥和无氧堆肥两种。由于有氧堆肥具有温度高、基质分解彻底，周期短、易采用大规模机械处理等优点，现代化堆肥工艺多采用有氧堆肥技术。

有氧堆肥技术就是在有

图 3-22　抛洒施肥

氧条件下，需氧菌和微生物对堆肥中的物质进行吸收、氧化和分解。一方面，微生物通过自身活动将堆肥中的部分有机物氧化分解成简单的无机物，产生可供其自身生长活动所需的能量；另一方面，微生物为了自身的不断生长繁殖，将部分有机物合成新的细胞质，以产生出更多的微生物。有氧堆肥的最终产物主要是水、二氧化碳和腐殖质。

根据养牛场规模的大小，有氧堆肥一般有条垛式堆肥、槽式堆肥和筒仓式堆肥等。

（1）条垛式堆肥　条垛式堆肥是将养牛场粪污与辅料按照一定的比例堆积成条垛形状，同时调整堆肥所需的参数，在有氧条件下进行堆肥的一种发酵方式。由于条垛式堆肥对设备等条件要求较低，便于在中小型养牛场中开展。现以 100 头牛为例说明此堆肥技术。每头牛每天所产生的粪污约为 50kg，其中新鲜牛粪中的含水量一般在 70% ~80%，100 头牛所产生的粪污约为 3t。首先，将除杂后晾晒好的粪污与 1t 辅料（秸秆和菌渣等，含水量约为 10%）混合均匀，以保证粪污中的整体含水量控制在 50% ~60%，同时调整粪污中的碳氮比和 pH 等参数，其中碳氮比约为（25 ~35）∶1，pH 为 7.5 ~8.0，以利于水溶性有机物的分解和需氧微生物的新陈代谢及堆肥温度的调节等。粪污与辅料的混合物约 4t，含水量约为 60%，混合物容重约为 $0.7t/m^3$，混合物体积约为 $6m^3$，将其堆积长 1m，宽 2m，高 3m 的条垛堆体形状。整个发酵周期约为 25 天，前两周每 5 天左右用翻抛机翻抛 1 次，后两周每 3 天翻抛 1 次，期间可以根据堆垛的温度变化改变翻抛次数，如果堆垛温度低于60℃或高于65℃，应适当地增加翻抛次数，最终肉牛粪便混合物成有机肥时的含水量为25%~30%。

堆肥腐熟程度的外观评价参数主要有颜色、气味、水分等几个指标。腐熟好的堆肥颜色较深，呈黑褐色或黑灰色，堆肥中偶见白色菌丝，略带土腥味，粒度均匀，松散，用力攥紧不黏手，辅助检测 pH 为弱碱性；或者用塑料袋装满堆肥，赶出袋中空气后密闭封口置于室温 3~4 天，如果塑料袋不发生膨胀，则堆肥腐熟完好。最后，采用筛分设备将未腐熟完好的大颗粒（直径大于20mm）堆肥筛分出来，再进行二次翻抛处理（见图3-23）。对完全腐熟好的堆肥可以采用制粒设备进行制粒和包装。

图3-23　条垛发酵：翻抛机（山东农机所）

（2）槽式堆肥　槽式堆肥是先对堆肥原料进行预处理，然后按照堆肥要求调整好堆肥参数后再在堆肥车间的发酵槽内进行有氧发酵。现代工业化生产多采用太阳能堆肥车间进行处理。槽式堆肥具有占地较少、处理粪污量大、堆肥效率高，太阳能堆肥车间保温效果好，不受制于天气影响等特点。

槽式堆肥系统包括发酵槽、太阳能发酵室、翻抛系统、中控系统等。发酵槽体底部具有通风管道，槽体上部具有自动翻抛装置，通过中控系统对堆肥参数和机械进行调节和控制。槽式堆肥原理与条垛式堆肥原理相同，堆肥前的预处理可以按照条垛式堆肥方法进行，在堆肥中期再置于槽中进行处理，以提高堆肥效果。槽式堆肥处理粪污量较大，提高了牛粪堆肥的生产效率，适用于大中型养牛场。

（3）筒仓式堆肥　筒仓式堆肥采用从顶部进料且从底部卸出堆肥的筒仓，在圆筒仓的下部设置排料装置，通过仓底的高压离心机强制通风供氧，以维持仓内堆料的有氧发酵。仓式堆肥设备一般具有破碎设备、筛分设备、翻堆设备、混合设备、输送设备和打包设备等。其主要特点是占用面积小、加工能力大、因而被广泛应用于大型养牛场机械化生产。

3. 沼气技术

沼气发酵又称为厌氧消化、厌氧发酵和甲烷发酵，是指有机物质（如人与畜禽的粪便、秸秆、杂草等）在一定的水分、温度和厌氧条件下，通过种类繁多、数量巨大且功能不同的各类微生物的分解代谢，最终形成甲烷和二氧化碳等混合气体（沼气）的复杂的生物化学过程。养牛场中每头牛每天排泄的粪尿约为50kg，年排泄粪尿量每头牛可达18t左右，除用来有氧堆肥之外，还可以用厌氧发酵的方式来生产沼气。

（1）沼气发酵需要的条件　为保证沼气发酵的持续进行，养殖场必须提供和保持沼气发酵中各种微生物所需的生活条件。首先，沼气发酵必须在严格厌氧的条件下进行。由于产生甲烷的细菌是严格厌氧的，这就要求必须在一个能隔绝氧气的密闭消化池中进行发酵。其次，必须保证甲烷菌生长繁殖所需的温度。在厌氧消化过程中，甲烷菌能在8~65℃的温度范围产生沼气，根据微生物的最适生长温度可分为中温菌群（30~40℃）和高温菌群（55~60℃），同样，沼气产气的两个高峰分别为35℃和54℃左右，即微生物菌群的中温发酵和高温发酵阶段。再次，养殖场必须提供厌氧发酵所需的pH，沼气微生物发酵最适宜的pH为6.8~7.4，当pH小于6或高于8时，沼气发酵就要受到抑制，甚至停止产气。最后，在厌氧消化过程中除了担负废弃物发酵作用的细菌以外，还需要氮、磷和其他营养物质。根据投入消化池的原料比例，需要调整原料中的碳氮比为（20~30）:1。同时还应调控影响沼气发酵的有害物质浓度。

（2）沼气发酵的原理　沼气发酵的过程实质上是微生物的物质

代谢和能量相互转化的过程，其中约有90%的有机物被转化成沼气，另外10%被微生物用于自身的消耗。沼气发酵大致分为液化阶段、产酸阶段和产甲烷阶段三个阶段。

1）液化阶段：由微生物的胞外酶对有机物进行体外酶解，把固体有机物转变成可溶于水的物质。这些水解产物可以进入微生物细胞，并参与细胞内的生物化学反应。

2）产酸阶段：水解产物进入微生物细胞后，在胞内酶的作用下进一步将它们分解成小分子化合物，其中主要是挥发性酸，故此阶段称为产酸阶段。参与这一阶段的细菌统称为产酸菌。

3）产甲烷阶段：产氨细菌大量繁殖和活动，铵态氮浓度升高，挥发酸浓度下降，产甲烷菌大量繁殖。产甲烷菌利用简单的有机物、二氧化碳和氢等合成甲烷。

这三个阶段是相互连接、交替进行的，它们之间保持动态平衡。

（3）沼气发酵原料配比　牛粪的干物质含量为20%～30%，牛粪用作发酵原料时，其与作物秸秆的重量比应控制在2∶1左右，碳氮比以（20～30）∶1最佳，对作物秸秆需要先进行切碎和有氧发酵等预处理。

发酵料液浓度是指原料的总固体（或干物质）重量占发酵料液重量的比例（%）。能够进行沼气发酵的发酵料液浓度范围是很广的，以1%～30%甚至更高的浓度都可以。现以牛粪为例计算如何配置沼气发酵原料。例如，牛粪的干物质含量在26%，南方发酵浓度一般为8%左右，则需要牛粪1600kg，制备的接种物为500kg（视接种物干物质含量与牛粪一样），添加清水3300kg；北方发酵浓度一般在10%左右，则需牛粪约2000kg，制备的接种物为500kg，添加清水2800kg。

沼气发酵的投料一般在春夏两季气温较高的时候开展。北方宜在3月份准备原料，4～5月份进行投料，等到7～8月份温度升高后，有利于充分利用原料，便于沼气发酵的完全进行；南方除在5月份可以投料外，还可以在9月份准备原料，10月份进行投料。

通过沼气技术不仅可以解决规模化养牛场粪尿及污水的处理问题，还可以解决养牛场燃气和用电问题。沼气所产生的沼液具有防虫害作用, 可以用来喷洒还田, 沼渣可以通过干燥来制作有机肥。

4. 发酵床技术

发酵床是由垫料原料、发酵菌种及相关营养添加剂等按照一定比例, 通过相关程序铺设、发酵而成的具有一定厚度的垫料床。发酵床养牛是以发酵床技术为核心, 处理牛舍内粪污和提高牛福利待遇的一种方法。

(1) 发酵床原料的要求 用来制作发酵床的牛舍一般为卷帘式结构, 以便于阳光照射发酵床, 利于微生物生长繁殖和发酵。夏天需要准备遮阳网, 冬季准备草帘子。平均每头牛占有发酵床的面积约为 $10m^2$。发酵床的垫料一般由锯末、稻壳、秸秆等农业副产物组成, 其中透气性原料为 40% ~ 50%, 吸水性原料为 30% ~ 50%; 发酵菌种是能使牛粪尿分解和促进分解的有益微生物, 主要根据垫料的种类和品质适量添加。营养添加剂是能促使垫料中发酵菌种生长、繁殖的营养性添加物, 用量一般为 0 ~ 5%。在准备好各种垫料原料后, 预留 10% 左右的垫料原料用作牛舍进牛前表层垫料的铺设。

(2) 发酵床的制作 首先, 将发酵菌种接种到发酵床上, 接种方式可采用分级稀释发酵菌种、营养添加剂, 将其与垫料均匀混合的均匀垫料制作模式, 也可以采用分层泼洒发酵菌种和营养添加剂的分层垫料制作模式。为便于生物安全控制和垫料维护, $100m^2$ 以上的发酵床宜采用均匀垫料制作模式。

其次, 调整垫料水分, 使其湿度达到 50% ~ 60%, 标准为手握垫料成团后指间无渗水, 松开后感觉蓬松, 抖落垫料后手心感觉有湿度但无水珠。新制作的垫料应经过 7 ~ 15 天的发酵成熟, 可采用平铺酵熟法或堆成山丘状的堆积酵熟法。为达到发酵高温杀灭垫料病原微生物、虫卵, 并增殖发酵菌种的目的, 专业化饲养宜采用堆积酵熟法。发酵成熟的垫料握一把在手中散开, 其气味清爽, 无恶臭, 无霉变。

最后, 将酵熟后的垫料整平, 平铺上预留的 10% 的未经发酵处理的优质垫料原料, 稳定 24h 后即可向牛舍内进牛。

(3) 发酵床的维护 在进牛的一周内观察牛对垫料的适应情况,

调整好垫料湿度，防止垫料表面扬尘；进牛一周后，需每周翻耙调整垫料1~2次，防止垫料局部有粪尿堆积或过湿；从进牛之日起每50~60天，需大动作地深翻垫料一次，深度为20~30cm；每批牛群出栏或转群后，将垫料重新堆积发酵，经5~10天的酵熟后摊平垫料并铺设一层未经发酵的优质垫料原料，添加发酵菌种并调整好垫料湿度，稳定24h后可接纳新一批牛群。

> ⊃ 【提示】 当出现粪尿堆积或垫料湿度整体过大的情况时，可适量添加垫料原料和发酵菌种，并调整好湿度。

5. 蚯蚓养殖技术

利用蚯蚓处理畜禽废弃物是一项新的生物技术，它是将传统的堆肥法与生物处理法相结合，利用蚯蚓食性广、食量大及其体内可分泌出分解蛋白质、脂肪、碳水化合物和纤维素等的各种酶类的特点，通过蚯蚓的新陈代谢作用，将有机物料转化为物理、化学和生物学特性俱佳的蚯蚓粪。

利用蚯蚓养殖来处理牛粪的实施方案及蚯蚓生产工艺流程如图3-24所示。

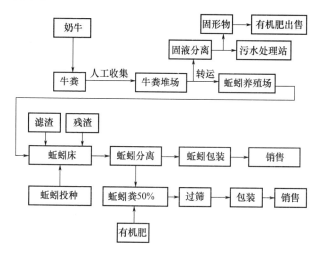

图3-24 利用蚯蚓养殖处理牛粪及蚯蚓生产工艺流程

（1）固体废弃物处理系统 养牛场的废弃物经收集后加水匀浆，再经多级格栅过滤、沉淀，再用水力分离筛分，经筛网过滤，使粪渣分离，筛网进行筛分可将牛粪中82%～85%的颗粒筛出。筛出的牛粪经过堆肥处理，作为原料进入蚯蚓工业化养殖生产车间。

（2）液体废弃物处理系统 液体废弃物采用组合式氧化塘，氧化塘采用多级串联式处理系统，氧化塘内放养水生动物和水生植物，形成多级食物网的复合生态净化系统，同时在氧化塘内设置表面曝气机，提高氧化塘内污水交换能力，扩大水体与空气的接触面积，提高氧化塘的污水处理功能。污水经过处理后达到了国家标准，然后通过管路进入园区的蔬菜大棚用于蔬菜种植。

（3）蚯蚓处理废弃物系统 养牛场的废弃物经过前期的发酵处理，通过添加不同成分的配料变成蚯蚓喜食的饲料。蚯蚓处理废弃物系统包括废弃物混合间、废弃物处理间、产料分离间。

1）废弃物混合间：内置搅拌器，利用搅拌器把废弃物和配料按照一定的比例充分混合，使之成为蚯蚓喜欢食用的备料，通过传送带运输至废弃物处理间。

2）废弃物处理间：设置有蚯蚓处理箱，蚯蚓处理箱为多层箱体叠加而成，箱体内放置成蚓（可以处理废弃物的蚯蚓）和搅拌器输出的备料，废弃物处理间内采用立体化养殖技术，科学调控室内的温度和湿度，使蚯蚓24h处于工作状态，把备料食用消化处理后形成蚯蚓粪，然后把蚯蚓处理箱运至产料分离间。

3）产料分离间：内设用于分离的转动筛，由于废弃物处理间内处理的产物中包括成蚓、蚯蚓卵和蚯蚓粪，因此在转动筛内进行成蚓、蚯蚓卵和蚯蚓粪的彻底分离，最后把分离出来的成蚓放入处理箱中再次使用，所获得的蚯蚓卵经过孵化、培育再次被用于处理废弃物。蚯蚓粪作为有机肥料，其富含极易被植物吸收的各类养分，肥力充足持久。蚯蚓粪中含有大量的有益微生物、氨基酸，并且含有拮抗微生物和未知的植物生长素。

（4）蚯蚓对养牛场废弃物处理的优势 利用蚯蚓对养牛场废弃物进行规模化、工业化的处理，可实现蚯蚓24h不停地消化废弃物，投资成本低、操作简单、地域适用性广。废弃物经过处理后，体积比原体积减少10%~20%。处理后的蚯蚓（见图3-25和图3-26）及蚯蚓粪将作为动物养殖饲料及有机肥出售，能够取得可观的经济效益，实现了真正意义上的废物资源化利用。同时，蚯蚓也在不断繁殖和长大，产生更多的蚯蚓。蚯蚓有广泛的用途，如制药和作为动物饲料等，从而形成循环资源利用。整个生产过程形成了一个种植为养殖提供补充饲料，养殖为种植提供有机肥源的良性循环，使农业生产形成了一个完整的立体生态系统，彻底解决了牛粪污染问题。

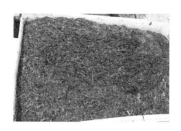 

图 3-25　净鲜蚯蚓　　　　　图 3-26　蚯蚓干块

6. 双孢菇养殖技术

双孢菇属于草腐菌，其蛋白质含量为35%~38%，营养价值是蔬菜和水果的4~12倍，享有"保健食品"和"素中之王"的美称，深受国内外市场的青睐。

（1）双孢菇培养料的配方　种植双孢菇主要是利用干牛粪，故应先将牛粪进行堆放沥水，然后让其自然晾晒成干牛粪饼以备用。双孢菇的培养料主要由秸秆和牛粪及微量元素组成，一般每100m²菇床需用新鲜干麦秸1250~1500kg，干牛粪400~600kg，过磷酸钙50kg，尿素15kg，石膏粉和生石灰粉各25kg。

（2）培养料的堆制　双孢菇培养料的堆制一般在8月上旬开始，主要分为预堆、建堆、翻堆几个步骤。

1）预堆。先将用清水充分浸湿后的麦秸堆成一个宽2~2.5m，高1.3~1.5m，长度不限的堆垛，预堆2~3天。同时将牛粪加入适量的水调湿后碾碎堆起备用。

2）建堆。在料场上铺一层厚15~20cm，宽1.8~2m，长度不限的麦秸，然后撒上一层3~4cm厚的牛粪，再按上述的准备量按比例撒入磷肥和尿素，依次逐层堆高到1.3~1.5m。但从第二层开始要适量加水，而且每层麦秸铺上后均要踏实。

3）翻堆。翻堆一般应进行4次。在建堆后6~7天进行第一次翻堆，同时加入石膏粉和生石灰粉。此后每隔5~6天、4~5天、3~4天各翻堆一次。每次翻堆应注意上下、里外对调位置，堆起后要加盖草帘或塑料膜，防止料堆直接受日晒雨淋。整个堆制全过程大约需要25天。

堆制发酵后的培养料水分应控制在65%~70%（手紧握麦秸有水滴浸出而不下落），外观呈深咖啡色，无粪臭和氨气味，麦秸平扁柔软易折断，草粪混合均匀，松散、细碎，无结块。

7. 牛粪生物质固体燃料

牛粪生物质固体燃料是指将牛粪干燥粉碎后，与破碎成一定粒度的煤按一定比例掺混，加入少量添加剂、固硫剂，利用牛粪生物质中的木质素、纤维素、半纤维素等的黏结作用，经过成型机压制而成的燃料。

（1）牛粪生物质固体燃料的制作　牛粪自然风干后与原煤均匀混合，牛粪所占比例一般为10%~40%，超过40%不易成型。将混合物用粉碎机粉碎至3mm，添加5‰蜂窝煤添加剂并利用搅拌机充分搅拌10min，混匀后加入少量水，然后采用蜂窝煤压缩成型设备对原材料进行压制，即得生态蜂窝煤。

（2）牛粪生物质固体燃料与原煤比较　牛粪、原煤的工业分析和元素分析见表3-1和表3-2。

表3-1　牛粪、原煤的工业分析（空气干燥基）

原料	水分（%）	灰分（%）	挥发分（%）	固定碳（%）	燃烧热值/（kJ/kg）
牛粪	14.11	29.45	41.21	14.75	11000
原煤	2.78	44.52	13.97	36.12	13450

表3-2　牛粪、原煤的元素分析（空气干燥基）

原料	含碳量（%）	含氢量（%）	含氮量（%）	含硫量（%）
牛粪	27.56	3.21	1.34	0.26
原煤	44.15	0.10	0.39	0.38

从表 3-1 中可以看出牛粪的燃烧热值为 11000kJ/kg，低于原煤的热值 13450kJ/kg，但是牛粪在风干状态下可以作为一种生物质燃料。

由表 3-2 可知，牛粪的含碳量（27.56%）低于煤炭的含碳量（44.15%），牛粪的含硫量（0.26%）也低于原煤的含硫量（0.38%），所以，牛粪比原煤燃烧后对大气的污染要轻。

牛粪生物质固体燃料技术是开发、利用牛粪生物质能的新途径，它充分利用了生物质自身的优势，便于保证燃料热值，利于克服常规型煤性能的不足，又由于代替部分化石燃料，因而能减少温室气体和二氧化硫的排放，有利于防止气候变暖和酸雨污染，更为重要的是生物质纤维的网络连接作用可省去或减少黏结剂的使用，因此能大大降低型煤的加工成本。开发生物质固体燃料块技术对于开辟能源新领域、合理高效地利用能源，尤其是对于畜牧业发达的地区，更有着不可估量的环境效益。牛粪生物质固体燃料块和牛粪生物质固体简易制作设备如图 3-27 和图 3-28 所示。

图 3-27　牛粪生物质固体燃料块

图 3-28　牛粪生物质固体简易制作设备

第四节　养殖污水的处理与利用新技术

畜禽养殖污染是我国农业非点源污染的主要原因之一，为保护水源及生态环境，促进规模化、集约化养殖的可持续发展，降低畜禽养殖污水中氮含量的方式主要包括养殖废水预处理、还田处理、自然处理和工业处理。

一 养殖废水预处理

预处理可使废水中的污染物负荷降低，同时防止大的固体或杂物进入后续环节。对于废水中的大颗粒物质或易沉降的物质，畜禽养殖业通常采用过滤、离心、沉淀等固液分离技术进行预处理，去除率达 $60\% \sim 80\%$。预处理部分的水解酸化池去除了污水中的一部分有机物，使粪水中的复杂大分子结构的有机物降解为简单的小分子结构的有机物。

二 还田处理

畜禽粪便污水还田做肥料为传统而经济有效的处置方法，这样可使畜禽粪便污水不排往外界环境，达到污染物零排放，最大限度地实现资源化利用。还田处理既可有效处置污染物，又能将其中有用的营养成分循环于土壤—植物生态系统中。分散养殖户畜禽的粪便污水处理均采用该法。该模式适用于远离城市、土地宽广且有足够农田消纳粪便污水的经济落后地区，特别是种植常年需施肥作物的地区，要求养殖场规模较小。

还田模式的优点包括：

1）污染物零排放，最大限度地实现资源化，可减少化肥施用量，提高土壤肥力。

2）投资省，不耗能，不需要专人管理，运转费用低，等等。

还田模式的缺点包括：

1）需要大量土地消纳粪便污水。每万头猪场至少需 $7\mathrm{hm}^2$ 土地消纳粪便污水，故其受条件所限而适应性弱。

2）雨季及非用肥季节必须考虑粪便污水或沼液的出路。

3）存在着传播畜禽疾病和人畜共患病的危险。

4）不合理的施用方式或连续过量施用会导致硝态氮、磷及重金属沉积，成为地表水和地下水污染源之一。

5）恶臭及降解过程所产生的氨气、硫化氢等有害气体的释放对大气环境构成威胁。

经济发达的美国约有90%的养殖场采用还田方法处理畜禽废弃

物。鉴于畜禽粪便污水污染的严重性和处理难度，英国和其他欧洲国家已开始改变饲养工艺，由水冲式清洗粪便污水回归到传统的稻草或作物秸秆铺垫吸收粪便污水，然后制肥还田。日本探寻十多年后，于20世纪70年代始又大力推广粪便污水还田，这说明还田模式仍有较强的生命力。我国上海地区在治理畜禽养殖污染过程中，经过近十年的达标治理实践，又回到还田利用的综合处理模式中。美国粪便污水还田前一般未经专门厌氧消化装置厌氧发酵，而是储存一定时间后直接灌田。由于担心传播畜禽疾病和人畜共患病，畜禽粪便污水经过生物处理之后再适度应用于农田已成为新趋势。德国等欧洲国家则将畜禽粪便污水经过中温或高温厌氧消化后再进行还田利用，以达到杀灭寄生虫卵和病原菌的目的。我国一般采用厌氧消化后再还田利用，可避免有机物浓度过高而引起的作物烂根和烧苗，同时经过厌氧发酵可回收能源甲烷，减少温室气体排放，并且能杀灭部分寄生虫卵和病原微生物。

三 自然处理

1. 自然处理的方法

自然处理主要采用氧化塘、土地处理系统或人工湿地等方法对养殖场废水进行处理。其净化机理主要有过滤、截流、沉淀、物理和化学吸附、化学分解、生物氧化及吸收等。氧化塘是一种利用天然净化能力对污水进行处理的构筑物的名称，其净化机理与自然水体的自净过程相似。由于污水停留时间长，占地面积大，氧化塘一般作为人工湿地的预处理单元。我国在利用人工湿地处理畜禽养殖产生的废水方面的研究主要集中于植物筛选和处理效果的考察。自然处理模式适用于距城市较远、气温较高、土地宽广且有滩涂、荒地、林地或低洼地可作为污水自然处理系统。经济欠发达的地区，要求养殖场规模中等。自然处理模式的优点：一是投资较省，能耗少，运行管理费用低；二是污泥量少，不需要复杂的污泥处理系统；三是采用地下式厌氧处理系统，即厌氧部分建于地下，基本无臭味；四是便于管理，对周围环境影响小且无噪声；五是可回收能源甲烷。自然处理模式的缺点：一是土地占用量较大；二是处理效果易受季节和温度变化的影响；三是建于地下的厌氧系统出泥困难，并且维修不便；四是存在污染地下水的风险。

（1）氧化塘处理法　氧化塘是一种利用天然净化能力对污水进行处理的构筑物，主要用来降低水体的有机污染物含量，同时提高溶解氧的含量，并适当除去水中的氮和磷，减轻水体富营养化的程度。

（2）土地处理系统　土地处理系统是处理畜禽废水经济有效的传统方法，这种方法不仅可以有效地处理污染物，使废物资源化，而且能将其中有用的营养成分循环，利用土壤—植物生态系统使畜禽养殖产生的废水不排向环境，达到污染物的零排放，最大限度地实现资源化利用。但这种方法受场地、温度、季节等自然条件的限制比较大。

（3）人工湿地　人工湿地是通过沉淀、吸附、阻隔、微生物同化分解、硝化、反硝化及植物吸收等途径除去废水中的悬浮物、有机物、重金属等杂质。人工湿地净化效果好、运行成本低、水生植物可收割利用，具有广泛的应用前景。

自然处理在美国、澳大利亚和东南亚一些国家应用较多，并且国外一般未经厌氧处理而直接进入氧化塘处理畜禽粪便污水，而且往往采用多级厌氧塘、兼性塘、好氧塘与水生植物塘，污水停留时间长（水力停留时间长达600天），占地面积大，多数情况下氧化塘只作为人工湿地的预处理单元。美国及欧洲一些国家较多采用人工湿地处理畜禽养殖产生的废水，美国自然资源保护服务组织（NRCS）编制了养殖废水处理指南，建议人工湿地生化需氧量（BOD_5）负荷为73kg/hm^2·天，水力停留时间至少12天。墨西哥湾项目（GMP）调查收集了68处共135个中试和生产规模的湿地处理系统约1300个运行数据，并建立了养殖废水湿地处理数据库，发现污染物平均去除效率生化需氧量（BOD_5）为65%，总悬浮物53%，铵态氮48%，总氮42%，总磷42%。人工湿地存在的主要问题是堵塞，而引起堵塞的主要原因是悬浮物，微生物生长的影响却很小。避免堵塞的方法主要有加强预处理、交替进水和湿地床轮替作业，近些年还发展了"潮汐流"及反粒级（上大下小）等模式避免堵塞。我国南方地区，如江西、福建和广东等省也多应用自然处理模式，但大多采用厌氧预处理后再进入氧化塘进行处理，厌氧处理系统分地上式和地下式，氧化塘为多级塘串联。

2. 人工湿地处理畜禽养殖污水技术

由畜禽养殖产生的污水即便经过工程处理，将大部分的有机物、悬浮物、氨氮等物质大量去除，使得养殖污水达到国家《畜禽养殖业污染物排放标准》（GB 18596—2001）的要求，但仍有些指标与国家《地表水环境质量标准》（GB 3838—2002）中的Ⅴ类水体要求相差甚远，导致这类污水仍需经过后续处理（即深度处理）。在众多深度处理方式中，人工湿地因其具有氮去除效果好、耐冲击负荷能力强、投资低和生态环境友好等优点，成为较优的选择。人工湿地主要是由湿地植物和基质构成，通过利用湿地中植物、微生物和填料之间的物理、化学和生物作用达到污水净化的目的。而湿地去污能力主要是由植物吸收、基质截留和微生物降解来共同完成的。植物是人工湿地生态系统的重要组成部分，具有良好的景观效应和生态效应。植物（如芦苇）不仅可以直接吸收水中氮、磷、锌等物质，也可通过叶片的光合作用产生的氧气经由植物气道输送至根区，在基质床内的植物根区的还原态介质中形成氧化态的微环境，改变根区微环境，为湿地系统微生物提供好氧—缺氧—厌氧环境，而且植物根系也能过滤、截留悬浮物。水中有机物的分解和转化主要是由植物根区的微生物活动来完成的，微生物将大分子的有机物分解成便于植物吸收的小分子物质，同时湿地植物也能够显著影响湿地系统中微生物的组成与多样性。因此，湿地植物与湿地微生物之间是相互影响和相互作用的。另外，植物根系对湿地基质床体的穿透作用，在基质床体中形成了许多微小的气室或间隙，基质床体的封闭性减弱，疏松度增强，有效减弱了人工湿地堵塞的风险。有学者发现，湿地植物中芦苇因生物量和根系庞大，所以吸收氮、磷的能力远高于茭白、美人蕉等植物，同时芦苇在畜禽养殖污水胁迫下具有较强的抗逆性和耐受性，可作为畜禽养殖污水处理的主要植物之一。但湿地植物由于生长周期的关系对水中污染物的吸附速度有所不同，仅在其生长期封存所吸收的氮、磷等物质，而冬季又释放氮、磷等物质。

> ⊙【提示】 人工湿地植物生长到衰老期后应及时收割，防止植物因腐烂而导致植株吸收的氮、磷等营养物质又重新释放到水体中，造成二次污染。

作为人工湿地系统重要组成的基质为微生物和水生植物提供了生长的载体和营养物质，其种类、尺寸及填充方式对湿地去除污染物均有影响，多孔、小粒径的基质有利于湿地系统对污染物的吸附、截留。常见的人工湿地基质主要是沸石、火山岩、高炉废渣、土壤、砂石、砾石、膨润土及一些新基质，如纳米材料、废砖、海蛎壳等，但这些基质对氮素的去除效果较对磷素的去除效果相对较弱，这主要是由于基质含有较高的钙、铝、铁等物质，易于吸附磷。此外，由于基质通过吸附或化学反应固定氮、磷的量有一定的上限，这将导致湿地系统运行后期基质的去除效果降低。另外，畜禽养殖污水具有排放相对集中、间歇排水、污染负荷大、成分复杂等特点，在一定程度上削弱了人工湿地堵塞的问题，有利于微生物和植物的生长繁殖，提高污染物的去除率。根据人工湿地系统内部的水流方式的不同，人工湿地分为表面流人工湿地、垂直潜流人工湿地和水平潜流人工湿地。

（1）表面流人工湿地　表面流人工湿地顾名思义就是水面位于湿地基质层以上，以推流式前进，复氧能力较好，水深较浅（一般在 $0.1 \sim 0.6 m$），有利于去除耗氧的氨氮和有机污染物，但卫生条件较差，有恶臭气味，易滋生蚊子、苍蝇，占地面积大，水力负荷小，净化能力有限，常作为污水预处理系统的湿地，如图3-29所示。目前，我国表面流人工湿地的研究与应用主要聚焦在污染河水、农田退水、小城镇污水、城市污水、生活污水、鱼塘养殖及农业生产的微污染排水上，这些污水的主要特点是污染负荷低、悬浮物较少。表面流人工湿地对高污染负荷的污水处理的效果相对较弱，致使目前我国单一的表面流人工湿地处理畜禽养殖污水的研究缺乏，然而，我国规模化畜禽养殖场为了防止污染周围环境，有相对充足的缓冲预留地，充分利用养殖场空地，提高土地利用率，美化畜禽养殖环境。表面流人工湿地能在畜禽养殖污水的深度处理上发挥作用。

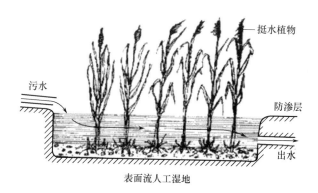

图 3-29　表面流人工湿地剖面图

（2）垂直潜流人工湿地　垂直潜流人工湿地中的污水由表面纵向流至床底，在纵向流的过程中污水依次经过不同的介质层，达到净化的目的（见彩图 9）。垂直潜流人工湿地由于具有净化效率较高、占地面积较小等优点，越来越受到关注，也逐渐成为研究的焦点，但其具有比较复杂的构造，以及较高的建造要求并且对悬浮物的去除率不高，易出现堵塞问题。很多研究表明，垂直潜流人工湿地复氧效果较好，具有较强的硝化能力，硝化细菌在好氧区将铵态氮转化为硝态氮，随后在湿地系统内部厌氧区经过反硝化作用去除。垂直潜流人工湿地内部的布水方式使得湿地基质与污水充分接触，促进基质对污水中氮素的吸附或化学反应，提高了垂直潜流人工湿地对氮素的去除。同时，由于有机物去除主要是依靠好氧微生物的分解作用，因此，垂直潜流人工湿地也有利于水中有机物的去除。另外，由于垂直潜流人工湿地纵向布水，并且布水均匀，加大了污水与基质颗粒的接触面积，同时延长了过水时间，促进了污水中磷素的吸附和截留，增加了湿地系统对磷素的去除能力。

（3）水平潜流人工湿地　水平潜流人工湿地中污水在湿地系统前端到后端水平推流的过程中依次通过基质、植物根系，由湿地末端集水区收集排出，从而达到净化的目的（见图 3-30）。它可承受较大水力负荷和污染负荷，并且由于污水在地表下流动，可充分利用系统中微生物、植物、基质填料的协同作用，更好地降解污染物，在一定程度上抑制了臭味，使水平潜流人工湿地具有卫生条件好、保温性能好、受气候影响小等特点，是目前应用和研究比较广泛的一种湿地系统。然而，水平潜流人工湿地的缺点是供氧能力不足，从而造成较弱的硝化能力，抑制了硝化反应将铵态氮转化为硝态氮，导致去除氮素能力不足。另外，水平潜流人工湿地由于布水方式不同于垂直潜流人工湿地，使水平潜流人工湿地中部分填料未充分接触污水，填料的吸附作用也不能充分发挥，导致水平潜流人工湿地对污水中氮、磷的去除效果不及垂直潜流人工湿地的处理效果。有研究表明，湿地植物（如香蒲、荸荠）及延长污水停留时间能有效提高水平潜流人工湿地的去污能力。同时，进水量也影响水平潜流人工湿地对污染物的去除能力。

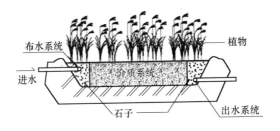

图 3-30　水平潜流人工湿地剖面图

（4）组合流人工湿地　随着人们对人工湿地的认识及对污水中污染物去除效果的要求越来越高，人们将目光聚焦在不同类型的人工湿地组合上。表面流人工湿地不易堵塞，但卫生条件较差，而潜流人工湿地（包括垂直潜流和水平潜流）具有较好的卫生条件，却常出现堵塞问题。水平潜流系统由于氧气传输能力上的限制不能满足硝化反应要求，而垂直潜流系统由于水流从上往下流经基质，复氧效果良好，可以满足硝化反应的好氧要求，但系统内部却不能顺利进行反硝化反应。目前有人提出利用波形潜流人工湿地处理养猪污水，虽然提高了铵态氮的去除效率，但出水总氮的浓度较高。为了提高对畜禽养殖污水的净化效果，出现了将各种类型的人工湿地组合起来的组合人工湿地，结合各自的特点发挥各自优势，取长补短，提高畜禽养殖污水的去除效率。

四 工业处理

工业处理方法主要包括厌氧处理、好氧处理及厌氧—好氧处理等不同处理系统，该方法占地面积小，适用于经济发达、土地紧张的畜禽养殖区。我国绝大多数养殖场采用该方法处理粪便废水。厌氧处理的基本原理是在无氧条件下，利用多种厌氧微生物的代谢活动，将水中的大分子有机污染物水解为小分子的醇类和有机酸，最终转化为二氧化碳和甲烷（沼气的主要成分）。厌氧处理模式能耗低，有机负荷高，一般化学需氧量为 $5 \sim 10kg/(m^3 \cdot 天)$，高时可达 $50kg/(m^3 \cdot 天)$，剩余污泥少，营养需要量少，被降解的有机物种类多，能承受较大的负荷变化和水质变化，常用工艺有上流式厌氧污泥床反应器、厌氧生物滤池、完全混合式厌氧反应器、厌氧复合反应器、厌氧序批式反应器、内循环厌氧反应器等。好氧处理的基本原理是利用微生物在好氧条件下分解有机物，可降解的有机物最终被完全氧化为简单的无机物（二氧化碳和水分），同时，微生物在降解过程中合成自身细胞（活性污泥）。厌氧—好氧处理是一种三段式处理畜禽养殖废水的方法，包括固液分离段、厌氧段和好氧段。

1. 厌氧处理技术

厌氧处理技术已被广泛地应用于养殖场废物处理中，厌氧技术处理过程不需要氧，不受缺氧能力的限制，反应器单位容积负荷高，具有较高的有机物负荷潜力，能使一些好氧微生物所不能降解的部分进行有机物降解，厌氧消化处理时间长，动力费用节省，运行成本低，若产生的沼气能被利用，则运行成本会进一步降低。因此，厌氧处理技术成为畜禽养殖场废水处理中不可缺少的关键技术。目前，用于处理养殖场废水的厌氧工艺很多，其中常用厌氧处理方法有：完全混合式厌氧反应器、厌氧生物滤池、上流式厌氧污泥床反应器、厌氧序批式反应器、折流式厌氧反应器和内循环厌氧反应器等。

厌氧处理属于废水生物处理技术方法，要提高厌氧处理速率和效率，除了要提供给微生物一个良好的生长环境外，保持反应器内高的污泥浓度和良好的传质效果也是关键的因素。以厌氧接触工艺为代表的第一代厌氧反应器，污泥停留时间（SRT）和水力停留时间（HRT）大体相同，反应器内污泥浓度较低，处理效果差。为了达到较好的处理效果，废水在反应器内通常要停留几天到几十天。以上流式厌氧污泥床反应器工艺为代表的第二代厌氧反应器，依靠颗粒污泥的形成和三相分离器的作用，使污泥可以在反应器中长期滞留，实现了污泥停留时间大于水力停留时间，从而提高了反应器内污泥浓度，但是反应器的传质过程并不理想，其构造如图 3-31 所示。要改善传质效果，最有效的方法就是提高表面水力负荷和表面产气负荷。然而，高负荷产生的剧烈搅动又会使反应器内污泥处于完全膨胀状态，使原本污泥停留时间大于水力停留时间向两个时间相等的方向转变，污泥过量流失，处理效果变差。

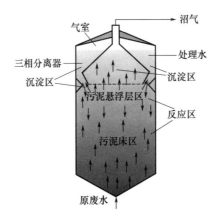

图 3-31　上流式厌氧污泥床反应器构造图

随着生产发展与资源、能耗、占地等因素间矛盾的进一步突出，现有的厌氧工艺又面临着严峻的挑战，尤其是如何处理生产发展带来的大量高浓度有机废水，这使得研发技术与经济更优化的厌氧工艺非常必要。内循环厌氧反应器（简称 IC）是在这一背景下产生的高效处理技术，它是 20 世纪 80 年代中期由荷兰 PAQUES 公司研发成功并推入国际废水处理工程市场的，目前已成功应用于土豆加工、啤酒和柠檬酸等废水处理中。实践证明，该技术去除有机物的能力远远超过普通厌氧处理技术（如上流式厌氧污泥床反应器），而且IC反应器容积小、投资少、占地省、运行稳定，是一种值得推广的高效厌氧处理技术。其构造如图3-32所示。利用内循环厌氧反应器（IC）处理畜禽养殖污水，可使总磷去除率为53.8%，化学需氧量去除率达80.3%，生化需氧量去除率达95.8%，固体悬浮物去除率达78%，沼气产气率达 $1.5\sim3m^3$/天。

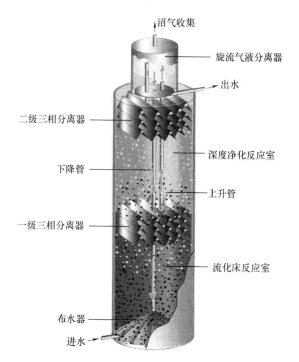

图 3-32　内循环厌氧反应器构造图

折流式厌氧反应器（ABR）是Bachmann和Mc Carty等人于1982年前后提出的高效厌氧反应器。该反应器运用竖向导流板在反应室内形成几个独立的反应室，每个反应室内驯化培养出与该处环境条件相适应的微生物群落，实现了分相多阶段厌氧处理。反应器以推流为主的流动形态保证系统的出水水质，对冲击负荷及进水中的有害物质具有较强的缓冲适应能力。有学者利用 ABR + CASS（周期循环活性污泥法）处理养殖污水，养殖污水在 ABR 停留 72h，BOD_5（生化需氧量）和 COD_{Cr}（化学需氧量，采用重铬酸钾法测定）的去除率均大于 80%。利用厌氧折流板反应器（ABR）处理养猪场污水，进水 COD（化学需氧量）为 8000～11000mg/L，出水 COD 去除率达 65%。而利用复合式折流板反应器（HBR）处理畜禽养殖污水，对 COD、铵态氮均有很好的去除效果（见彩图 10）。目前，国内畜禽养殖污水处理主要采用的是 UASB（上流式厌氧污泥床反应器）和 USR（升流式固体厌氧反应器）厌氧工艺。近年来，我国学者对各种厌氧反应器研究较多，认为新型高效厌氧反应器对畜禽养殖污水处理有广阔的应用前景。但厌氧处理过程不能算是完全的处理，因其只去除了有机物和悬浮物，处理后出水中的溶解氧量低且氮、磷等营养物质基本没有得到有效去除，想要达到出水水质标准还需要做进一步处理。

2. 好氧处理技术

好氧处理的基本原理是利用微生物在好氧条件下分解有机物，同时合成活性污泥，在好氧处理中，可生物降解的有机物最终被完全氧化为简单的无机物。好氧处理方法主要有活性污泥法、生物滤池、生物转盘、生物接触氧化、序批式活性污泥、序批式生物膜反应器及氧化沟等。为了节省篇幅，仅介绍两种好氧处理方法。

序批式活性污泥（简称 SBR）工艺是基于传统的 Fill-Draw（半连续式）系统改进并发展起来的一种间歇式活性污泥工艺，其在活性污泥法好氧曝气的基础上增加了闲置缺氧和沉淀过程，强化了反硝化效能，如图 3-33 所示。SBR 具有采用间歇曝气节省了耗电量，无须单独的沉淀池和污泥回流过程，以及工艺流程简单、操作方便等优点，但同时该工艺的硝化作用易导致系统酸化，致使 SBR 出水 pH 降至 6.0 以下，造成反应系统不稳定。因此，采用好氧技术对畜禽养殖废水进行生物处理较多的是水解与 SBR 结合的工艺。这是由于 SBR 工艺在一个构筑物中可以完成生物降解和污泥沉淀两种作用，减少了全套二沉池和污泥回流设施，同时又能脱氮除磷，在好氧与厌氧工艺组合中得到了广泛的应用。SBR 与水解方式结合处理畜禽养殖污水时，水解过程对 COD$_{Cr}$ 有较高的去除率，SBR 对总磷的去除率为 74.1%，高浓度氨氮去除率达 97% 以上。此方法的净化效果稳定、可靠，除臭效果好，但投资大且运行成本高。此外，其他好氧处理方法也逐渐应用于畜禽养殖污水处理中，如间歇式排水延时曝气（IDEA）、循环式活性污泥系统（CASS）、间歇式循环延时曝气活性污泥法（ICEAS）等。

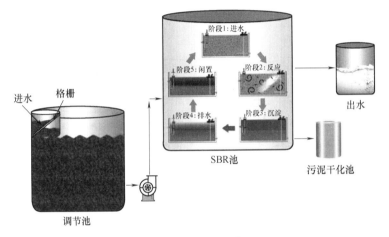

图 3-33　SBR 工艺

　　与 SBR 直接处理畜禽粪污原水相比，厌氧—加原水—间歇曝气（Anarwia）工艺（见图 3-34）优点突出：①Anarwia 工艺通过原水的添加使反应系统具有足够的反硝化电子供体，确保了良好的硝化—反硝化效能，氨氮去除率可高达 99%，出水中的氨氮含量小于 10mg/L；②良好的反硝化效能将反应体系 pH 基本稳定在 7.5 以上，赋予了其良好的中性环境，避免了因过酸而带来的效能损失；③Anarwia 工艺通过原水的添加使反应系统具有较好的 BOD$_5$/COD 比例，COD 去除率显著提高，COD 去除率高达 80% 以上，出水 COD 降至 250~350mg/L。

　　序批式生物膜反应器（简称 SBBR）保留了 SBR 的优点，同时还具有自身的特点：①生物相多样化生物膜固定在填料表面，具有形成稳定生态的条件，能够栖息增殖速度慢、世代时间长的细菌和

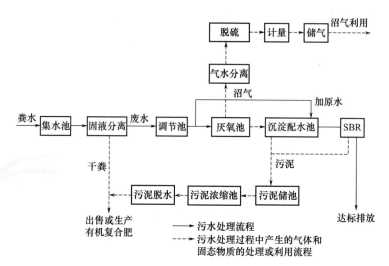

图 3-34 Anarwia 工艺处理畜禽养殖污水流程

较高级的微生物，如硝化菌，它的繁殖速度要比一般的假单胞菌慢
40～50 倍，故用 SBBR 法可获得很高的脱氮能力；②微生物量高，
SBBR 内挂的生物膜具有较少的含水量，单位体积内的生物量有时可
多达 SBR 的 5～20 倍，因此，处理构筑物具有较大的容积负荷；
③剩余污泥的产量少，SBBR 的生物膜上栖息着较多的高级营养水平
的生物，食物链较 SBR 的长，剩余污泥量较 SBR 少；④动力消耗
少，由于填料的剪切作用提高了氧的传输效率，故其动力消耗较
SBR 小。SBBR 工艺流程如图 3-35 所示。

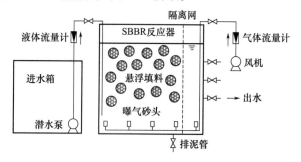

图 3-35　SBBR 工艺流程

3. 组合方法

组合方法是指采用好氧、厌氧和生态处理技术相结合的一种养殖废水处理技术。这种技术能以较低的处理成本取得较好的效果。

（1）SBR法　SBR法采用限制性曝气，在时间上实现顺序的厌氧、好氧的交替组合，可以达到脱氮除磷的目的。它是目前我国养殖场经常使用的一种处理方法，在技术上比较成熟。但单一SBR工艺处理效果不理想，因此，SBR工艺主要与其他工艺结合，广泛用于国内各种养殖污水的处理中。湖南某养殖场选择UASB—SBR—化学混凝工艺处理畜禽养殖污水，杭州田园养殖场采用固液分离—厌氧消化—SBR好氧处理工艺处理畜禽养殖污水，均可以使出水中的氮、磷达到国家标准。以杭州灯塔养殖总场污水处理工程为例，该工程主要采用了UASB工艺及SBR工艺，出水中COD总去除率达98%，铵态氮去除率达99%以上，出水中的COD小于或等于150mg/L，铵态氮小于或等于15mg/L，出水达到《污水综合排放标准》的二级标准。

（2）氨吹脱—A^2/O　针对目前养殖污水处理工艺存在脱氮效率低且养殖污水污染物浓度普遍偏高的问题，氨吹脱—A^2/O工艺在处理高浓度养殖污水方面得到关注。氨吹脱—A^2/O工艺即氨吹脱—厌氧—缺氧—好氧工艺，属于厌氧—好氧结合工艺（见图3-36）。工程中实际废水进水水质COD_{Cr}为10700mg/L，BOD_5为6800mg/L，悬浮物为3000mg/L，铵态氮为806mg/L，标准排放口水质COD_{Cr}为280.6mg/L，BOD_5为84.3mg/L，悬浮物为50mg/L，铵态氮为65mg/L，去除率分别为97.4%、98.8%、98.3%和91.9%，各项指标均符合

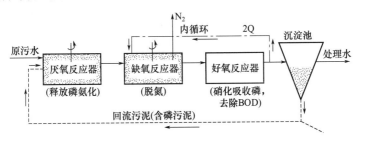

图3-36　氨吹脱—A^2/O工艺流程

《畜禽养殖业污染物排放标准》（GB 18596—2001）。采用氨吹脱塔—絮凝沉淀池—ABR复合厌氧反应—CASS好氧反应器—沸石过滤器联合工艺处理养殖废水后，各项出水指标均优于《污水综合排放标准》（GB 8978—1996）的一级排放标准。

（3）UASB—SBR—化学混凝工艺　利用UASB—SBR—化学混凝工艺处理畜禽养殖污水，其中UASB反应器是一个采用大阻力布水系统的钢筋混凝土池；SBR反应器池中配置有组合填料，将活性污泥法与生物膜法巧妙地结合到了一起，处理效果更佳；化学混凝沉淀池池体分两格，分别投加PA（聚酰胺）和PAM（聚丙烯酰胺）。此工艺运行结果显示，COD、BOD_5、铵态氮、悬浮物、总磷的去除率分别达到了91.7%、91.6%、89.4%、98.1%和31.1%，各项指标均达到了《畜禽养殖业污染物排放标》（GB 18596—2001）。河南省某牧业有限公司采用水解酸—UASB—接触氧化—生物氧化塘—人工湿地组合工艺对其养猪场产生的养殖废水进行处理，长期运行表明，出水一直稳定达到并高于《农田灌溉水质标准》（GB 5084—2005），处理后的水全部用于附近农田灌溉（每天平均200m³），所产生的污泥用于附近农田施肥，所产生的沼气用于厂区发电机发电。这样不仅大大减少了污染物排放总量，而且开发了可再生能源资源，为该公司创造了良好的经济效益，也促进了附近农业生产的发展。此外，利用生物—生态复合处理技术（属厌氧—好氧联合处理范畴）处理畜禽养殖污水，各流程进水、出水的pH均为6.9~7.5，COD_{Cr}、BOD_5、铵态氮、悬浮物等的总去除率均达到96%以上，养殖废水平均处理成本为0.99元/m³，因此，该方法运行可靠、管理方便、处理效果良好。

结合考虑畜禽养殖污水的特点，内循环厌氧反应器（简称IC）—SBBR工艺非常适用于处理畜禽养殖污水。具体原因有：①传统的厌氧＋好氧组合工艺只适用于含氮浓度较低的废水，但养畜禽养殖污水属于高含氮有机污水，经厌氧处理后，其出水水质严重缺乏碳源，SBBR工艺则可以较好地处理此类污水；②本组合工艺中的IC厌氧技术（包括三相分离器）与传统厌氧技术相比，实现了水力停留时间（HRT）与污泥停留时间（SRT）完全分离，另外该技术还能产生大量的沼气气体，使反应器内的混合液得到充分搅拌，废水中有机物与活性污泥充分接触，从而大大提高了有机物的去除效率。

> ➡ 【提示】目前，国内外处理畜禽养殖废水的方法不少，但具体采用哪种处理方法，这不仅要考虑此处理方法技术上的优势，还要考虑该方法在投资、运行费用、操作和地域方面是否方便等问题。畜禽养殖废水成分复杂，采用单一的处理方法很难达到排放要求，根据当前畜禽养殖废水处理现状，应该采用多种方法相结合的处理模式，优化组合，以实现养殖废水处理过程的无害化、资源化，促进养殖业与自然环境、社会和经济的和谐发展。

第五节　养殖场环境监测

环境监测是指通过对影响环境质量因素的代表值的测定，确定环境质量（或污染程度）及其变化趋势。

一　环境监测的目的和任务

1. 环境监测的目的

1）检验和判断环境质量是否符合国家规定的环境质量标准。

2）判断污染源造成的污染影响——污染物在空间的分布模型、污染最严重的区域，确定防治的对策，并评价防治措施的效果。

3）确定污染物的浓度分布的现状、发展趋势和发展速度。掌握污染物作用于物理系统和生物系统的规律性，污染物的污染途径和管理对策。

4）研究扩散模式。一方面用于污染源的环境影响评价，给决策部门提供依据；另一方面为环境污染的预测预报提供数据资料。

5）积累环境本底的长期监测数据，结合流行病调查资料，为保护人类健康、合理使用自然资源，以及制定并不断修改环境质量标准提供科学依据。

> ◎【提示】 环境监测是为控制污染、保护环境服务的，对人类生存和社会文明具有重要意义。控制污染，减少物质和能量的流失也会给社会带来经济效益。

养殖场环境监测是为养殖场布局、养殖环境风险预警和养殖废弃物管理提供依据，为政府制定行业标准、发展规划和养殖环境突发事件应急预案提供数据支撑，促进我国养殖业持续健康发展。

2. 环境监测的任务

1）养殖过程中环境关联因子监测，主要监测饲料、饲料原料和饮水中氮、磷、重金属等环境关联因子，摸清养殖场环境污染特征及成因，找出产污与排污关键点。

2）舍区环境变化监测，主要监测单位畜禽粪尿产生量、环境因子和用水量，揭示禽舍内环境因子变化特征。

3）场区环境变化监测，主要监测粪便、废气及病原微生物，以及粪污处置前后变化，揭示养殖场区环境变化特征。

4）养殖场缓冲区环境变化监测，主要监测地表水和地下水质量、土壤质量、空气质量、生物多样性、病原微生物等指标，揭示养殖场缓冲区环境变化特征。

5）畜禽养殖场周边特定区域环境变化监测，主要监测消纳畜禽粪便的农田土壤中总氮、总磷、全盐量、重金属、粪大肠菌群、球虫卵；大田作物、果蔬中重金属、亚硝酸盐、细菌总数、粪大肠杆菌、球虫卵；摸清畜禽养殖场周边用于消纳粪污的农田土壤及农产品质量与养殖场粪污处理和利用方式之间的相互关系，为养殖场粪污减量化、无害化、资源化处理和利用提供参考。

6）养殖区域环境变化影响评价监测，完成养殖场舍区、场区、缓冲区及周边特定区域环境变化评估。

二 环境监测的内容与实用方法

1. 水质监测

水质监测主要是指监测畜禽饮用水、养殖污水、畜禽场周边地表水或地下水的质量（见图 3-37）。畜禽饮用水的监测主要是指监测重金属（Pb、As、Cr、Cd、Cu、Zn、Mn）和全盐量；养殖污水的监测主要是指监测 COD、悬浮物、pH、氨氮、总氮、总磷、粪大肠杆菌、球虫卵等的含量或浓度；地表水或地下水的监测主要是指监测 COD、悬浮物、pH、氨氮、总氮、总磷、硝酸盐、全盐量、细菌总数、粪大肠杆菌、球虫卵等的含量或浓度。

图 3-37　取水样

水质检测的方法有化学法和仪器法，分述如下：

（1）化学法　化学法的最大优势就是检测数据准确可靠，特点是：

1）化学方法的检测过程比较复杂，需要较长的时间，要求检测人员具备相当的专业技能才能准确的检测，如化学滴定法。有的化学检测试纸，如 pH 试纸，一般只能进行粗略的测量。例如，观察试纸颜色判断 pH 为 7~8，而无法得到准确的数字；另一方面，试纸容易受到外界环境（如温度、湿度、光照等）的影响，会导致试纸失效，粗略的测量也无法保证。

2）化学法检测都需要取样测量，而水样采集到实验室时，各项指标都可能已经发生变化，因而最终的检测结果已经不是实际水体的数值了。

3）一些化学方法需要使用仪器进行检测，要求使用者掌握相当的化学知识，如分光光度法使用的分光光度仪，滴定法使用的滴定仪等，不是所有人都能够轻松掌握的。同时，这些设备的价格比较昂贵，一般的企业和个人是无法承受的。正是上述这些原因，化学方法检测水质只在研究所、大专院校实验室等不多的企业和机构中应用，广大的养殖企业、个人只能花钱送水样检测，给日常的生产工作带来了不少的麻烦。

（2）仪器法 仪器法具备化学法无法比拟的优点：

1）这类仪器多为便携式，体积小，便于携带和使用，特别适合养殖现场的水质检测，对于工厂化养殖的水质检测也是非常方便的，免去了取样带来的不便。

2）这类仪器多为按键式操作面板，中文显示屏，操作简单，检测结果清晰直观。

3）这类仪器检测的水质指标主要针对养殖行业的需要而设计，实用性强，项目齐全，并且可以灵活组合。特别要强调的是，这类仪器的两个最主要的特性：①测量的数据准确、可靠，能够实现快速检测，按下相应的按键，屏幕立刻显示测量结果，节省了大量取样、化验的时间，通过存储功能，可第一时间记录水质检测数据，提高了工作效率；②电极的稳定性决定了测量数据的准确，同时，电极可以反复使用，不需要配制试剂、更换试纸等步骤，不仅简化了操作程序，也保证了比较长的使用寿命。

由此可见，为实现科学养殖，不断提高养殖企业的经济效益，加强对养殖水质的监测尤为重要。随着生产技术和人们文化水平的不断提高，水质监测的手段也在不断地更新，利用电极法的水质分析仪检测水质，正逐渐成为广大养殖企业和个人的首要选择，而通过各方面的对比，国产的水质分析仪具有比较明显的优势，随着国内各水质分析仪制造厂商的不断努力，水质分析仪的性能越来越走向成熟，将会成为越来越多的养殖企业、个人日常检测水质的必备仪器。

2. 有害气体监测

有害气体监测主要包括监测畜禽舍内外、畜禽场内及周边缓冲区的有毒气体（NH_3、H_2S 等）、温室气体（CO_2、NO_x 等）、粉尘（PM10，PM2.5）的浓度（见彩图11和彩图12）。

畜禽生产环境中有害气体的主要测量方法包括嗅觉法、气体探测管法、接触式传感器法和光学法。接触式传感器包括半导体气体传感器、电化学气体传感器及由它们构成的电子鼻三个部件。光学法包括非分光红外光谱、紫外差分吸收光谱、傅立叶变换红外光谱和可调谐激光光谱。

（1）嗅觉法　嗅觉法是利用人类的鼻子作为传感器，对具有气味的气体成分和浓度进行测量的方法。嗅觉法作为一种重要的直接检测方法被应用在如食物、饮料、香料的质量鉴别、病情诊断等众多领域。在畜禽舍有害气体的检测中，嗅觉法同样是最传统、应用最广泛的方法。在畜禽舍有害气体的检测中应用的嗅觉测量技术可以分为两类，不采用任何仪器的参数嗅觉测量和采用辅助仪器的定量嗅觉测量。参数嗅觉测量是一种低成本的畜禽舍有害气体检测方法，其不需任何仪器，直接通过辨嗅员的嗅觉判定畜禽舍有害气体的成分和浓度。定量嗅觉测量用仪器将有害气体逐步稀释，当辨嗅员判断有害气体达到检测阈值时，清洁空气与有害气体的比值就是有害气体的浓度。该方法所使用的仪器设备能够给出较高精度的气体比例，与参数嗅觉测量相比，定量嗅觉测量检测精度更高。定量嗅觉测量可以分为动态嗅觉采样法和现场嗅觉检测法。动态嗅觉采样法是将畜禽舍中的有害气体采集回实验室，利用实验仪器结合辨嗅员的判断给出有害气体的浓度。现场嗅觉检测法的优点是成本较低，可以在现场读数，检测位置灵活，避免因采样过程带来的误差。但是，现场嗅觉检测法更易受到辨嗅员自身因素，包括健康状况、对气味的敏感程度、性别、年龄等的影响，甚至有可能受到天气状况的影响。嗅觉法是在畜禽舍有害气体浓度测量中应用最广泛的方法，但是，嗅觉法仍然具有一些缺陷，它极易受到辨嗅员自身因素的影响，测量结果的精度较低，测量并不具备实时性，无法实现对有害气体浓度的实时监测。

（2）气体探测管法　气体探测管法是基于被测气体成分附着在固体指示剂表面的显色反应设计的，气体采样管可以检测超过300种气体和有机挥发物。气体探测管分为主动取样和被动取样两种，在畜禽舍中主要用于测量有害气体的主要成分 NH_3 和 H_2S。尽管气体探测管的检测限较高，但是其能够在现场实时获取有害气体浓度，使用方便且成本较低，因此被广泛地应用在畜禽舍中有害气体主要成分的检测中。主动取样的气体探测管在使用前两端密封，测量时将探测管两端切开，一端与手泵相连，被测气体从另一端流过探测管中的显色物质。由于手泵的容量固定，通过指示剂颜色的变化可以测得被测气体的浓度。被动取样的气体探测管在使用前同样是两端封闭，测量时气体探测管的一端被打开，并放在需要检测的位置，待测气体逐渐扩散到气体探测管中，整个测量过程需要持续一段时间，通常是几个小时，并且气体探测管需要充分地暴露在待测气体下。采用气体探测管法检测畜禽舍有害气体时，检测精度较低（标准误差在 10% 左右），不能满足对低浓度有害气体的检测，但是因为气体探测管使用方便，目前依然得到广泛应用。

（3）接触式传感器法　接触式传感器法是指待测气体成分与传感器之间发生反应，通过传感器性质的变化测量待测气体成分和浓度的方法。在畜禽生产环境中的有害气体检测中常用的接触式传感器主要包括半导体气体传感器、电化学气体传感器和由多种传感器组成传感器阵列的电子鼻。

1）半导体气体传感器是利用半导体材料与气体接触后所产生的性质变化来检测待测气体成分和浓度的。半导体气体传感器灵敏度高，制作简单，稳定性好，对气体成分具有一定的选择性，成本较低，因此被广泛地应用在畜禽舍有害气体的检测中。

2）电化学气体传感器是利用物质的氧化还原特性，通过测量待测物质与电极的电化学反应所释放的电流大小来测量气体浓度的。在气体测量领域中最常用的是恒定电位电解池型气体传感器。该传感器是一种在电流强制下发生氧化还原反应的电化学传感器。电化学气体传感器具有良好的气体选择性，可以在混合气体中检测特定成分的含量，在畜禽舍有害气体的检测中多用来检测 H_2S、NH_3 等气体。由于电化学气体传感器的体积小、反应时间快，也常被用在畜禽舍内有害气体的实时监测中。与半导体气体传感器相比，电化学气体传感器具有良好的气体选择性，这使其在对单一气体成分检测时使用简单，并且电化学气体传感器的价格较低。但是，电化学气体传感器的分辨率较低，对 NH_3 的分辨率大于 $1mg/L$，对 H_2S 大于 $0.1mg/L$，在长时间使用过程中容易出现漂移，每隔一两个月需要进行重新校准。由于气体长时间与电极接触，还会造成电极永久性中毒，从而导致电化学气体传感器的使用寿命有限。

3）电子鼻技术是一种人造的智慧嗅觉感知器，能模拟人的嗅觉，对气味做出辨别。与人类嗅觉系统的组成类似，电子鼻主要由传感器阵列和智能算法组成。电子鼻所用的传感器阵列对气体的多种成分具有检测能力，一般由半导体气体传感器、电化学气体传感器、导电聚合物、压电组件、金属绝缘体半导体场效应晶体管（MI-SFETs）等多种类型的传感器组成。传感器阵列所探测到的信号首先经过主成分分析（PCA）进行压缩，再通过具有判断能力的模式识别技术处理，鉴别多种成分混合气体的气味。模式识别算法需要先进行训练，训练过程直接影响电子鼻对气味判断的准确性。常用的模式识别方法包括神经网络、支持向量机等。不同于对气体中单一成分的检测，电子鼻所得到是气体的综合信息和变化。在畜禽舍有害气体的检测中，电子鼻技术被用来取代嗅觉法。使用电子鼻探测畜禽舍中的有害气体不会受到人为因素的影响，比嗅觉法更加准确、稳定、可靠。在畜禽舍有害气体检测上，电子鼻法是一个主要的研究方向。但是，畜禽舍中恶臭气体的成分复杂，使电子鼻法所用的仪器设备复杂、昂贵，这是其停留在实验室研究而无法在实际生产中应用的主要原因。

（4）光学法　光学法是利用气体对光的吸收特性来检测气体浓度的。常用的光学法包括非分光红外光谱和紫外差分吸收光谱、傅立叶变换红外光谱和可调谐激光光谱方法。

1）非分光红外光谱经常被用来检测畜禽舍中主要有害气体 NH_3、CH_4 的排放。开放光程的差分吸收光谱检测限低，最低可以达到 $1\mu g/L$。因此，该方法可以用于检测畜禽舍中或畜禽舍周围的痕量有害气体，但对待测气体的成分具有一定的局限性，仅对畜禽生产中排放的 NH_3、氮氧化物、碳氧化物具有较好的响应。

2）紫外差分吸收光谱在大尺度下检测痕量的 NH_3、氮氧化物、氮氧化物等有害气体。在开放光程下，UV-DOAS 可以对光程内（几百米到几千米）畜禽生产环境中有害气体的积分浓度进行测量。

3）傅立叶变换红外光谱是一种调制的光学检测方法，其利用干涉仪对光源发出的光进行调制，探测器接收干涉图样，将干涉图样进行傅立叶变换，得到被待测气体吸收后的光谱图，通过对光谱图的分析处理，得到待测气体的浓度。该方法可以同时检测多种气体成分，检测限小于 $3\mu g/L$，对各种气体的平均检测误差小于 3%。

4）可调谐激光光谱法是一种基于单色光调制的光学检测方法，通过波长调制使光源的发光波长在气体吸收特征峰附近变化时，气体的浓度与接收到的光强信号的 n 次谐波成正比。这种方法的检测限较低，精确到微克/升，并且误差较小，在畜禽生产环境的有害气体检测中主要用来检测 NH_3、N_2O 和 CH_4 等气体。

3. 土壤监测

按照国家《重金属污染综合防治"十二五"规划》和《国家环境监测"十二五"规划》中的目标要求，结合"十一五"全国土壤污染状况调查成果，需要对养殖场周边土壤的 pH、阳离子交换量，铅、汞、镉、铬、砷、铜、锌、镍、钒、锰、钴、银、铊、锑等元素总量，苯并（a）芘，以及多氯联苯类（总量）进行例行监测工作（见图3-38），以满足国家土壤环境管理的需求（见表3-3和表3-4）。

图3-38　土壤监测

表3-3　土壤常规监测项目及分析方法

监测项目	监测仪器	监测方法	方法来源
镉	原子吸收光谱仪	石墨炉原子吸收分光光度法	GB/T 17141—1997
	原子吸收光谱仪	KI-MIBK 萃取火焰原子吸收分光光度法	GB/T 17140—1997

监测项目	监测仪器	监测方法	方法来源
汞	测汞仪	冷原子吸收分光光度法	GB/T 17136—1997
砷	分光光度计	二乙基二硫代氨基甲酸银分光光度法	GB/T 17134—1997
	分光光度计	硼氢化钾—硝酸银分光光度法	GB/T 17135—1997
铜	原子吸收光谱仪	火焰原子吸收分光光度法	GB/T 17138—1997
铅	原子吸收光谱仪	石墨炉原子吸收分光光度法	GB/T 17141—1997
	原子吸收光谱仪	KI-MIBK 萃取火焰原子吸收分光光度法	GB/T 17140—1997
铬	原子吸收光谱仪	火焰原子吸收分光光度法	HJ 491—2009
锌	原子吸收光谱仪	火焰原子吸收分光光度法	GB/T 17138—1997
镍	原子吸收光谱仪	火焰原子吸收分光光度法	GB/T 17139—1997
六六六和滴滴涕	气相色谱仪	电子捕获气相色谱法	GB/T 14550—2003
六种多环芳烃	液相色谱仪	高效液相色谱法	HJ 478—2009
稀土总量	分光光度计	对马尿酸偶氮氯膦分光光度法	NY/T 30—1986
pH	pH 计	森林土壤 pH 测定	LY/T 1239—1999
阳离子交换量	滴定仪	乙酸铵法	①

①《土壤理化分析》，1978，中国科学院南京土壤研究所，上海科技出版社。

表 3-4　土壤常规监测项目及推荐方法

监测项目	推荐方法	等效方法
砷	COL	HG-AAS、HG-AFS、XRF
镉	GF-AAS	POL、ICP-MS
钴	AAS	GF-AAS、ICP-AES、ICP-MS
铬	AAS	GF-AAS、ICP-AES、XRF、ICP-MS
铜	AAS	GF-AAS、ICP-AES、XRF、ICP-MS
氟	ISE	

监测项目	推荐方法	等效方法
汞	HG-AAS	HG-AFS
锰	AAS	ICP-AES、INAA、ICP-MS
镍	AAS	GF-AAS、XRF、ICP-AES、ICP-MS
铅	GF-AAS	ICP-MS、XRF
硒	HG-AAS	HG-AFS、DAN荧光、GC
钒	COL	ICP-AES、XRF、INAA、ICP-MS
锌	AAS	ICP-AES、XRF、INAA、ICP-MS
硫	COL	ICP-AES、ICP-MS
pH	ISE	
有机质	VOL	
PCBs、PAHs	LC、GC	
阳离子交换量	VOL	
VOC	GC、GC-MS	
SVOC	GC、GC-MS	
除草剂和杀虫剂	GC、GC-MS、LC	
POPs	GC、GC-MS、LC、LC-MS	

注：ICP-AES：等离子发射光谱；XRF：X-荧光光谱分析；AAS：火焰原子吸收；GF-AAS：石墨炉原子吸收；HG-AAS：氢化物发生原子吸收法；HG-AFS：氢化物发生原子荧光法；POL：催化极谱法；ISE：选择性离子电极；VOL：容量法；POT：电位法；INAA：中子活化分析法；GC：气相色谱法；LC：液相色谱法；GC-MS：气相色谱—质谱联用法；COL：分光比色法；LC-MS：液相色谱—质谱联用法；ICP-MS：等离子体质谱联用法。

4. 固体废弃物监测

养殖场固体废弃物监测主要是指监测畜禽粪便中的含水率、有机质、全氮、全磷、全钾、铜、锌、镉、粪大肠菌群和蛔虫卵。

各成分监测方法如下：

含水率：按 GB/T 8576—2010 规定执行。

有机质：按 NY 525—2012 中 5.2 规定执行。

全氮：按 NY 525—2012 中 5.3 规定执行。

全磷：按 NY 525—2012 中 5.4 规定执行。

铜、锌、镉：按 GB/T 17138—1997 规定执行。

全钾：按 NY/T 87—1988 规定执行。

粪大肠菌群：按 GB 7959—2012 规定执行。

蛔虫卵：按 GB 7959—2012 规定执行。

5. 生物监测

生物监测（见图 3-39）是通过对生物群落、种群及个体对环境变化或污染出现的反应进行监测，立足于生物学角度监测和评价环境污染状况。生物监测方法包括生物群落监测法、微生物监测法、生物残毒测定法、生物测试法和生物传感器法。

图 3-39　生物监测

生物群落监测法主要是监测水体污染，同时也可以在大气污染及土壤污染监测中进行应用，如水生生物的群落结构和个体在水体出现污染情况之后就会出现明显变化，一些敏感生物会消亡，而一些抗性生物则会生长得越来越旺盛，因此就会产生非常单一的群落结构。利用对生物群落变化的监测能够将污染状况很好地反映出来，其中最为主要的指示生物就是鱼类、底栖动物、着生动物及浮游生物等。这种方法包括生物指数法、污水生物系统法和微生物监测法。

生物指数法：该方法主要是通过对数学公式形式的利用从而能够将生物种群及群落结构变化充分地反映出来，对水质质量进行评价，其中主要包括污染生物指数、津田生物指数、生物种类多样性指数及贝克生物指数。污水生物系统法：由于自净作用的存在，受到污染的河流会从上游到下游出现污染程度由高到低的连续带，其中包括寡污带、β中污带、α中污带及多污带等。该方法在较长的及流速缓慢的河流水体监测中比较适用。

> ◆【提示】 微生物监测法主要是通过对环境中微生物生长状况的检测从而将环境污染情况反映出来，其生物指示指标一般是菌根真菌、纤维素分解细菌和真菌、假单胞菌总数及放线菌等微生物指标。

例如，2004年Berno等人通过对重组的大肠杆菌的利用对空气中苯及其衍生物进行监测。现在发展较快的方法是硝化菌法和发光菌法，其中发光细菌因为具备较为独特的生理发光特征，因此在生物监测中得到了广泛的应用，其具有灵敏、渐变、快速的特点。畜禽生产环境中微生物检测方法有沉降法、撞击法、过滤法和简易定量测定法。

（1）沉降法 将盛有培养基的平皿放在空气中暴露一定时间，经培养后计算出其上所生长的菌落数。此方法简单，使用普遍。但由于只有一定大小的颗粒在一定时间内才能降到培养基上，因此，所测得微生物数量欠准确，检验结果比实际存在数量少，并且也无法测定空气质量，所以，仅能粗略计算空气污染及了解被测生物的种类。

（2）撞击法 以缝隙采样器为例，用吸风机或真空泵将含菌空气以一定流速穿过狭缝而被抽吸到营养琼脂培养基及平板上。狭缝长度为平皿的半径，平板与缝的间隙有2mm，平板以一定的转速旋转。通常平板转动一周，取出置于37℃恒温箱中培养的48h，根据空气中微生物的密度可调节平板转动的速度。采集含菌高的空气样品时，平板转动的速度要比含菌最低的空气样品的转速快。根据取样时间和空气流量算出单位空气中的含菌量。采样器的规格各国不一样，可按说明书操作。

（3）过滤法　过滤法是抽取定量空气通过一种液体吸收剂，然后取此液体定量培养计数出菌落数。将无菌的液体培养基或无菌水与真空泵相连，以每分钟10L速度取空气样并剧烈震荡，使阻流在液体中的气溶胶或微生物均匀分散；吸取上述含菌液体吸收液1mL与融化并冷却到45℃左右的营养液琼脂做倾注培养，同时做三个平行试验，置37℃恒温箱中培养48h，计算平均菌落数。

（4）简易定量测定法　用无菌注射器定量抽取空气，将所取空气压入培养基内部，经培养后，即可定量、定性测定空气中微生物，此法简单易行。将无菌固体培养基熔化后，在50℃水浴中保温备用；利用50～100mL无菌注射器抽取待测环境空气20～100mL；在无菌操作下，取已熔化的培养基倒入无菌平皿中，平皿稍做倾斜，将注射器插入培养基深处，缓慢将空气压入培养基内，轻轻摇匀以消除气泡。待培养基凝固，置于30℃恒温箱中培养3天后统计菌落数量，推算1L空气所含菌量。通过菌落形态定性微生物，如统计霉菌数量时培养的时间稍许延长。应用此法需多做平行试验，求其平均值以提高准确性。

生物残毒测定的方法主要是通过对生物含污量的利用开展监测和评价环境的工作，如环境中常常具有较低的放射性物质、农药及贵金属含量，然而一些生物的富集能力比较强，所以，以生物体内污染物的残留量为根据就能够将环境污染的程度推断出来。例如，2009年Fialkowski等人通过对沙蚕体内微量元素的含污量的检测对欧洲某水域的微量元素污染程度进行了分析。

生物测试法主要是通过对污染物侵害下生物出现的生物学变化进行利用，从而对污染状况进行测试，其在确定污染物排放标准、监测废水处理效果、评价污染程度及追溯污染物等方面具有十分重要的作用。大量的研究表明，对环境质量进行监测的时候可以将热休克蛋白在生物体内的变化作为非常重要的一个指标。例如，2009年Monferrán等人通过对眼子菜的谷胱甘肽芳基转移酶、导电率及叶绿素等多种生理生化参数的监测，最终将水环境中的污染状况监测出来。

生物传感器有较多的优势，它可以快速地在复杂体系中实施在线连续监测，具有较低的成本及非常高的灵敏度等。现在生物传感器已经被广泛地运用在水质检测中的水体富营养化、阴离子表面活性剂、pH 及 BOD 等分析中。相关的报道显示，对光纤生物传感器的利用可以对残留在地下水中的炸药成分 RDX 及 TNT 等进行有效的检测。

第四章

养殖场沼气建设新技术

第一节 养殖场沼气发酵工艺主要类型

养殖场建设沼气工程的重点是处理粪污的同时产生沼气。生产工艺的确定是沼气工程建设的关键，工艺是否合理直接关系到工程的处理效果、运转稳定性、投资、运转成本。因此，养殖场必须结合粪污特征，综合考虑粪便资源、配套土地和能源需求等因素，慎重选择适宜的生产工艺，以达到最佳的处理效果和经济效益。

一 养殖场沼气工程主要工艺类型

目前比较成熟、适用的生产工艺有两大类，一类是以综合利用为主的"能源生态型"处理利用工艺，另一类是以污水达标排放为主的"能源环保型"处理利用工艺。

"能源生态型"处理利用工艺是指畜禽场粪污经厌氧无害化处理后不直接排入自然水体，而是作为农作物有机肥料的处理利用工艺。此工艺要求沼气工程周边的农田、鱼塘等能够完全消纳经沼气发酵后的沼渣、沼液，使沼气工程成为生态农业园区的纽带。畜禽粪便沼气工程，首先要将养殖业与种植业合理配置，这样既不需要后处理的高额花费，又可促进生态农业建设，所以说"能源生态型"沼气工程是一种理想的工艺模式（见图4-1）。该工程的特点是后处理过程比较简单，投资和运行成本均较低。

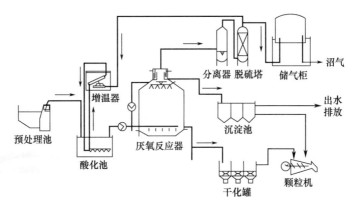

图4-1 能源生态型工艺流程

"能源环保型"处理利用工艺是指畜禽场的畜禽粪污处理后直接排入自然水体或以回收利用为最终目的的处理工艺，该工艺要求最终出水达到国家或地方规定的排放标准（见图4-2）。"能源环保型"沼气工程周边环境无法消纳沼气发酵后的沼渣、沼液，必须将沼渣、沼液制成商品肥料。该模式采用沼气发酵工艺，可回收一定量的沼气作为能源，并通过沼气发酵又去除了污水中的大部分有机物，比单纯使用好氧曝气的方法来处理污水既产能又节能。"能源环保型"沼气工程的首要目的是要达标排放，适用于粪便为干清粪的养殖场。在养殖场采用拣干粪的方式人工收集固体有机物，进行好氧堆沤处理，然后再将残余粪便用水进行冲洗，粪水进入调节池后，先进行固液分离，然后再进入沼气池进行沼气发酵。

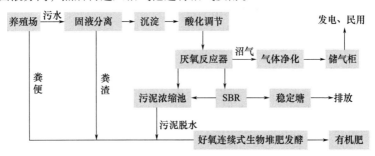

图4-2 能源环保型工艺流程

"能源生态型"和"能源环保型"粪污处理工艺对应不同的沼气发酵技术。"能源生态型"工艺中，畜禽粪便污水可全部进入处理系统，进水 COD 为 18000~40000mg/L，厌氧工艺可采用全混合厌氧池（CSTR）和升流式固体床厌氧反应器（USR）。

"能源环保型"工艺污水养殖场必须实行清洁生产、干湿分离，畜禽粪便直接用于生产有机肥料，尿和冲洗污水进入处理系统，进水 COD_{cr} 在 5000~18000mg/L。必须先进行预处理，强化固液分离、沉淀，严格控制悬浮物的浓度。厌氧工艺可采用上流式厌氧污泥床反应器（UASB）和厌氧滤器（AF）。

养殖场沼气技术又分为以养殖废水和低浓度粪污为发酵原料的低固体厌氧发酵工艺和以固态畜禽粪便为发酵原料的高固体厌氧发酵工艺。前者以 CSTR、USR、UASB 等工艺为主，后者以车库式干发酵工艺为代表。

二 低固体沼气工程工艺类型

低固体厌氧发酵技术发酵物料固体浓度为 4%~12%，是目前养殖场常用的工艺技术。该工艺是将养殖场粪便废水调配，使固体浓度达到厌氧发酵所需要浓度，再进行发酵产生沼气。但粪水调配将导致物料稀释，从而产生的发酵剩余物必须脱水，对于脱水所产生的沼液的处理则是选择此工艺应加以考虑的重要问题。

低固体厌氧消化工艺包括三个基本的步骤。第一步为准备工作。对于混合固体废物，典型的第一步包括接收、分选和减小粒径等工序。第二步包括增加水分和养分、混合、调节 pH 等过程。第三步为在浓度完全混合的连续流反应器内完成并进行厌氧消化。

对于大多数低固体消化系统，所需要的水分和养分可以废水污泥或粪肥的形式加入。有时也需额外加入养分，这取决于污泥和粪肥的化学特性。在实际运行中，起泡和表面硬壳的形成对固体废物的消化造成很多问题，因此，在设计和运行这类系统时，应考虑物料要充分混合。常用的低固体沼气工程工艺类型主要如下所示：

1. 完全混合式厌氧反应器（CSTR）

完全混合式厌氧反应器技术是类似常规活性污泥消化概念的厌

氧处理技术。在一个密闭罐体内完成料液的发酵、沼气产生的过程。消化器内安装有搅拌装置，使发酵原料和微生物处于完全混合状态。投料方式采用恒温连续投料或半连续投料方式运行。新进入的原料由于搅拌作用很快与反应器内的全部发酵液菌种混合，使发酵底物浓度始终保持相对较低状态。CSTR 工艺流程是先对各类畜禽粪便及其他有机物进行粉碎处理，调整进料总固体（TS）浓度为 8% ~ 12%，进入 CSTR 反应器，CSTR 反应器采用上进料下出料方式，并带有机械搅拌，池容产气率视原料和温度不同为 0.8% ~ 2.0%。沼渣、沼液 TS 浓度含量高，一般不经固液分离即可直接用于农田施肥，是典型的能源生态型沼气工程工艺。其构造特征如图 4-3 所示。

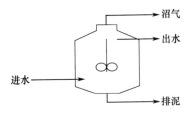

图 4-3　完全混合式厌氧反应器示意图

（1）优点　CSTR 工艺可以处理高悬浮固体含量的原料。消化器内物料均匀分布，避免了分层状态，增加了物料和微生物接触的机会。利用产生沼气发电余热对反应器外部的保温加热系统进行保温，大大提高了产气率和投资利用率，同时使得反应器一年四季均可正常工作。该工艺占地面积小、成本低，是目前世界上最先进的厌氧反应器之一。

（2）使用领域　应用于牛、猪、鸡等养殖场中畜禽粪便的处理和沼气生产、发电工程等。

2. 塞流式反应器（PFR）

塞流式反应器也称推流式反应器，是一种长方形的非完全混合式反应器。高浓度悬浮固体发酵原料从一端进入，从另一端排出。由于消化器内产生的沼气，呈现垂直的搅拌作用，而横向搅拌作用甚微，原料在消化器内的流动呈活塞式推移状态。在进料端呈现较强的水解酸化作用，甲烷的产生随着向出料方向的流动而增强。由于进料缺乏接种物，所以要进行固体回流。为了减少微生物的冲出，在消化器内应设置挡板，有利于运行的稳定。其构造特征如图 4-4 所示。

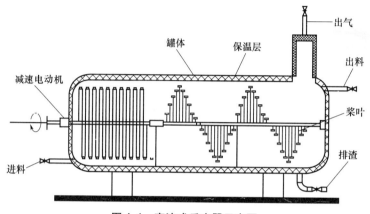

图 4-4　塞流式反应器示意图

（1）优点　需要搅拌，池形结构简单，能耗低；适用于高含量悬浮物的废水的处理，尤其适用于牛粪的厌氧消化，用于农场有较好的经济效益；运行方便，故障少，稳定性高。

（2）缺点　固体物容易沉淀于池底，影响反应器的有效体积，使 HRT 和 SRT 降低，效率较低；需要固体和微生物的回流作为接种物；因该反应器面积/体积比较大，反应器内难以保持一致的温度；易产生厚的结壳。

3. 升流式固体床反应器（USR）

升流式固体床反应器是一种结构简单、适用于高悬浮固体原料的反应器。原料从底部进入消化器内，与消化器里的活性污泥接触，使原料得到快速消化。未消化的生物质固体颗粒和沼气发酵微生物靠自然沉降滞留于消化器内，上清液从消化器上部溢出，这样可以得到比水力停留时间高得多的固体停留时间和微生物停留时间，从而提高了固体有机物的分解率和消化器的效率，适用于固体浓度为 5% ~ 8% 的畜禽粪污。该工艺特点为高浓度厌氧微生物固体床，设置布水系统且不设三相分离器，出水渠前设置挡渣板，产气效率高，浓度较高时可有局部强化搅拌装置。升流式固体床反应器主要适用于我国中部和南部地区养猪场粪污处理和集中供气沼气工程，北方地区冬季需要进行加热。其构造特征如图4-5所示。

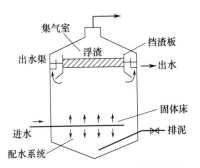

图4-5 升流式固体床反应器示意图

（1）优点 在力的作用下，密度较大的固体物与微生物靠自然沉降作用积累在反应器下部，使反应器内始终保持较高的固体量和生物量，即有较长的 SRT 和 MRT（微生物停留时间），这是 USR 在较高负荷条件下能稳定运行的根本原因。由于 SRT 较长，出水带出的污泥不需要回流，固体物得到了较为彻底的消化，悬浮物去除率在 60%～70%。

（2）缺点 固形物总固体浓度在 5%～6%，再提高易出现布水管堵塞等问题（单管布水易短流）；对含纤维素较高的料液（如牛粪），应在发酵罐液面增加破浮渣设施，以防表面结壳。

4. 上流式厌氧污泥床（UASB）

UASB 消化器适用于处理可溶性废水，要求较低的悬浮固体含量。该工艺将污泥的沉降与回流置于一个装置内，降低了造价。UASB 在反应器中设有气、液、固三相分离器，反应器内形成沉降性能良好的颗粒污泥或絮状污泥。反应器集生物反应与沉淀于一体，设进水配水系统、反应区、三相分离器、气室、处理水排出系统。该工艺要求进水浓度不高，多用于工业废水和生活污水的厌氧消化处理，经过固液分离后的畜禽粪便污水也可以采用 UASB 进行厌氧消化处理。UASB 工艺是一种以环保治理为主，生产能源为辅的能源环保型沼气工程工艺。其构造特征如图4-6所示。

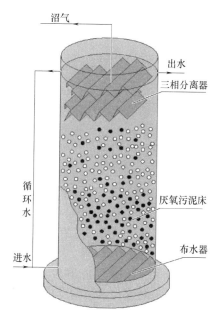

沼气

出水

三相分离器

循环水

厌氧污泥床

进水

布水器

图4-6　上流式厌氧污泥床工艺

（1）优点　设备简单，运行方便，无须设沉淀池和污泥回流装置，不需要充填填料，不存在堵塞问题，也不需要在反应区设机械搅拌装置，造价相对较低，便于管理；容积负荷率高，在中温发酵条件下一般可达 10kgCOD/（m³·天）左右，甚至能够高达 15～40kgCOD/（m³·天），废水在反应器内水力停留时间较短，因此所需池容大大缩小；颗粒污泥的形成，使微生物天然固定化，改善了微生物的环境条件，增加了工艺的稳定性；出水的悬浮固体含量低。

（2）缺点　安装三相分离器；进水中只能含有低浓度的悬浮固体；需要有效的布水器使其进料均匀分布于消化器底部；当冲击负荷或进料中悬浮固体含量升高，以及遇到过量有毒物质时，会引起污泥流失，要求较高的管理水平。

5. 两相厌氧消化工艺

两相厌氧消化工艺是将产酸菌和产甲烷菌分别置于两个反应器内，并为它们提供最佳的生长和代谢条件，使它们能够发挥各自最大的活性，该工艺较单相厌氧消化工艺的处理能力和效率大大提高。反应器分工明确，产酸反应器对污水进行预处理，不仅为产甲烷反应器提供了更适宜的基质，还能够解除或降低水中的有毒物质，如硫酸根、重金属离子的毒性，改变难降解有机物的结构，减少对产甲烷菌的毒害作用和影响，增强系统运行的稳定性。产酸相的有机负荷率高，缓冲能力较强，因而冲击负荷造成的酸积累不会对产酸相有明显的影响，也不会对后续的产甲烷相造成危害，提高了系统的抗冲击能力。产酸菌的世代时间远远短于产甲烷菌，产酸菌的产酸速率高于产甲烷菌降解酸的速率，产酸反应器的体积总是小于产甲烷反应器的体积。两相厌氧消化工艺适于处理高浓度有机污水、悬浮物浓度很高的污水、含有毒物质及难降解物质的工业废水和污泥。从国内外的两相厌氧系统研究所采用的工艺形式看主要有两种：第一种是两相均采用同一类型的反应器，如 UASB 反应器、UBF 反应器、ASBR 反应器，其中 UASB 反应器较常用；第二种是称作 Anodek 的工艺，其特点是产酸相为接触式反应器（即完全式反应器后设沉淀池，同时进行污泥回流），产甲烷相则采用其他类型的反应器。

两相厌氧消化工艺优点：有机负荷比单相工艺明显提高；产甲烷相中的产甲烷菌活性得到提高，产气量增加；运行更加稳定，承受冲击负荷的能力较强；当废水中含有硫酸根等抑制物质时，其对产甲烷菌的影响由于相的分离而减弱；对于复杂有机物（如纤维素等），可以提高其水解反应速率，因而提高了其厌氧消化的效果。

6. 内循环厌氧反应器（IC）

内循环厌氧反应器可以看作是由两个 UASB 反应器叠加串联构成的，高径比一般为 4～8，高度可达 16～25m，由五部分组成：混合区、第一反应区、第二反应区、内循环系统和出水区（见图4-7）。其中内循环系统是 IC 反应器的核心部分，由一级三相分离器、沼气提升管、气液分离器和污泥回流管组成。

第一反应区为颗粒污泥膨胀床区，第二反应区为精处理区。废水首先进入反应器底部的混合区，并与来自污泥回流管的回流污泥充分混合后进入第一反应区进行 CODcr 的生物降解。产生的沼气由

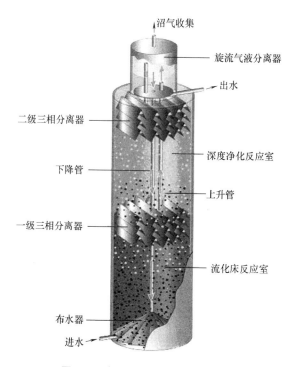

沼气收集

旋流气液分离器

出水

二级三相分离器

深度净化反应室

下降管

上升管

一级三相分离器

流化床反应室

布水器

进水

图 4-7　内循环厌氧反应器示意图

一级三相分离器收集后，并夹带泥和水沿沼气提升管上升至反应器顶部的气液分离器，沼气在该处与泥水分离并被导出处理系统。污泥则借助重力作用沿着污泥回流管回到反应器底部的混合区，并与进入反应器的废水充分混合后进入第一反应区，形成所谓的内循环系统。其余污水通过一级三相分离器后，进入第二反应区进行剩余CODcr降解并产生少量沼气，从而提高和保证出水水质。产生的沼气由二级三相分离器收集后导出处理系统。上清液经出水区排出，颗粒污泥则沿着一级三相分离器的回流缝滑回反应器内重新参加反应。

（1）优点　容积负荷率高，在处理相同的废水时，内循环厌氧反应器的容积负荷是普通 UASB 的 4 倍左右，故其所需的反应体积仅为 UASB 的 1/4～1/3。液体上升流速大，水力停留时间短。基建投

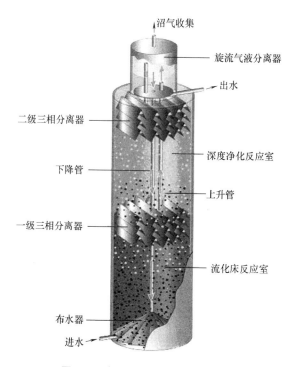

资省，占地面积更小。反应器内生物量大，内循环液与进水混合均匀，系统抗冲击负荷能力强，运行稳定。适用范围广，可处理低、中、高浓度废水及含有毒物质的废水。

（2）缺点　内循环厌氧反应器由于采用内循环技术，反应器结构较复杂，内部管路系统过多，占用了反应器的有效空间，影响了反应效率，增大了反应器的总容积。另外，沼气提升管及污泥回流管的设计过于复杂，难以精确控制循环量。最后，从污泥回流管和回流缝回流的污泥和上升的泥水混合物发生碰撞，影响了污泥的回流和混合物的上升。

（3）三相分离器的结构缺陷　由于 IC 采用的泥、水、气分离是 UASB 技术，即在反应器内部采用三相分离器来进行固、液、气的分离，在实际工程应用中带来的问题有：造价较高，施工困难，日常维护复杂；在三相分离器处，回流的污泥和上升的水流发生碰撞，严重影响了出水水质、污泥的回流和气、液、固的分离。

（4）高径比问题　IC 实际上是由两个 UASB 上下叠加串联构成，高径比一般为 4～8，甚至有些 IC 的顶部还需要设置避雷设施。由于反应器主体较高，因此会使水泵运行费用增加，而且地基处理费用高，单位反应器体积造价也高。

7. 升流式厌氧复合床（UBF）

升流式厌氧复合床是由上流式厌氧污泥床（UASB）和厌氧滤器（AF）复合而成，反应器下面是高浓度颗粒污泥组成的污泥床，上部是填料和其表面附着的生物膜组成的滤料层（见图 4-8）。UBF 是借鉴流态化技术的生物处理反应器，它以砂和设备内的软性填料为流化载体，以污水作为流水介质，厌氧微生物以生物膜形式结在砂和软性填料表面，在循环泵或污水处理过程中产生的甲烷气的作用下使污水成流动状态。污水以升流式通过床体时，与床中附有厌氧生物膜的载体不断接触反应，达到分解、吸附污水中有机物的目的。UBF 为复合型厌氧反应器，中部为生物挂膜污泥床区，下部为布水流化区，厌氧处理中率先采用以砂和设备内部软性填料为载体。设备上部分为固、液、气分离区，下部分为循环流化反应区，利用循环泵使污水和有生物膜的两种载体在中部、下部流化反应区中进行循环，达到流化的目的。

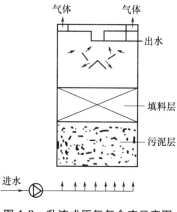

图4-8　升流式厌氧复合床示意图

（1）适用条件　本工艺效能高、占地少，适用于较高浓度的有机污水处理工程。

（2）性能特点　处理效率高，处理量大，能耗低，运行费用低，能自动连续运行；处理时产生的大量甲烷可作为燃料，能回收大量能源；占地面积小，适应性强，选型方便，工期短。

8. 中温半混合气搅拌厌氧反应器（SMSTR）

中温半混合气搅拌厌氧技术是目前欧盟所采用的最先进的厌氧发酵工艺。发酵温度常年保持在35～40℃，发酵原料从底部进入并从罐体上部排出，通过产生的甲烷气体进行搅拌，将原料与反应层充分混合，使厌氧微生物与原料充分接触，在消化滞留期很短的情况下能够使原料完全发酵降解。反应器内设进排料装置、气搅拌装置、自动增温补温系统、生物膜。北京某公司在引进技术的基础上结合我国实际情况，自主研发了一系列增温补温技术和相关配套设备，已在我国获得应用。

（1）适用条件　此工艺适用于较高浓度的有机污水处理工程，以及高寒地带畜禽粪污处理。

（2）工艺特色　①设备罐体：施工简便，周期短，占地面积小，罐体省材省料，安装便捷，可随意拆卸、扩增、回收再利用，耐腐蚀，使用寿命可达 30 年以上。②发酵：能耗少，投资少，沼气发酵能总体维持一个较高水平，产气速度比较快，料液基本不结壳，可保证常年稳定运行。这种工艺因料液温度稳定，产气量也比较均衡，耗能低，发酵残余物的肥效高，铵态氮损失小。③搅拌方式：采用先进气搅拌方式，这种搅拌方式剪切力较小，搅拌时间短，能够保证物料性质，并且有利于微生物与进料基质的充分接触，混合充分，并能从根本上防止结壳的生成，能耗较低，使厌氧发酵完成得更彻底。④增温、补温方式：采用的是最新的再生能源互补系统的增温保温技术，该技术具有产气稳定、原材料可再生、生产成本低廉等特点，取代了传统的使用常规能源给沼气增温补温的方式，更能体现再生清洁互补能源的特点。其中研发的沼气汽化炉，它根据沼气固有的物理、化学特性可以使沼气充分燃烧，达到沼气的最大热值。⑤容积负荷率高，在中温发酵条件下一般可达 $1.2 \sim 1.5 m^3/(m^3 \cdot 天)$，高浓度废水在反应器内水力停留时间较短，因此所需池容大大缩小。

三 高固体沼气工程工艺类型

　　高固体厌氧消化工艺的总固体浓度大约在 22% 以上，畜禽粪便可以不经稀释直接发酵。高固体厌氧消化是一种相对较新的技术，它在固体废物有机成分的能量回收方面的应用还没有得到充分的发挥。此工艺的主要优点是反应器单位体积的需水量低，产气量高。其主要缺点在于目前大规模运行的经验十分有限。

　　低固体厌氧消化工艺的三个步骤也适用于高固体厌氧消化工艺。二者主要区别是，后者的污泥脱水和消化污泥的处置需要的工作量较少。高固体厌氧消化工艺微生物学与前述低固体厌氧消化工艺一样。然而，由于较高的固体浓度，许多关于微生物数量的环境参数的作用则更为重要。例如，氨的毒性可以影响产甲烷细菌，这对系统的稳定和甲烷产量有副作用。大多数情况下可以通过适当调整进料的碳氮比加以防止。

　　目前，高固体厌氧消化工艺尚在发展之中，表 4-1 总结了一些重要的设计参考参数。一般来说，和前面所考虑的低固体厌氧消化工艺比较起来，高固体厌氧消化工艺单位体积反应器能够处理更多的有机物，也能产生更多的沼气。

表4-1　高固体厌氧消化工艺设计的重要参考参数

项　　目	注　　释
物料尺寸	废物需预先破碎，达到不影响进料装置的有效作用范围
混合设备	混合设备取决于使用的反应器类型
固体废物和污泥的配比	取决于污泥特性
水力停留时间	设计水力停留时间为 20～30 天，或者根据中试研究的结果确定
可生物降解挥发性固体的负荷率（BVS）	6～7kg/($m^3 \cdot d$)
固体浓度	介于 20%～35%（典型的为 22%～28%）
温度	对于嗜温细菌，介于 30～38℃；对于嗜热细菌，介于 55～60℃
BVS 降解率	取决于水力停留时间和 BVS 负荷率，一般在 90%～98%
总固体降解率	变化范围取决于进料木质素的含量
产气量	0.625～1.0m^3/kg BVS
气体组分	甲烷占 50%，二氧化碳占 50%

　　我国干法发酵技术应用源远流长，自古以来我国就采用干法发酵工艺酿酒、生产堆肥。国内对沼气干法发酵技术的研究起步于20世纪 80 年代，但只是在近几年才发展成具有一定规模的工业化生产的沼气工程。农业部规划设计研究院的韩捷教授开发了具有一定工业价值的 MCT 附膜式干式发酵装置，代表了目前国内干法发酵的水平。但是，我国干法发酵技术还没有解决大规模进出料的问题，未见规模化干法发酵沼气工程的生产性运行。其主要原因是缺乏合理的、高效能的工程结构，同时，干法发酵技术几乎未能有效解决大规模快速进出料与厌氧密封状态的矛盾，未能实现干法厌氧发酵过程关键工艺参数的工程调控。

🎵【小栏目】>>>>

国外对沼气干法发酵的研究主要集中于城市垃圾的处理，德国、法国、丹麦等国家早在20世纪80年代就对沼气干法发酵进行研究。德国于20世纪90年代起开始进行间歇式干法沼气发酵技术及工业级装备的研发。目前，欧洲的干法沼气发酵技术主要有车库型、气袋型、渗出液存储桶型、干湿联合型和立式罐型等。

1. 车库型干法发酵工艺

车库型干法发酵工艺采用混凝土车库型反应器结构、高精度的液压驱动密封门和高灵敏度的自动监控装置来保证其安全运行，供热装置使厌氧发酵物料温度保持在38℃左右。发酵仓为模块化结构，没有搅拌器和管道，容易实现扩展和规模化应用。其结构如图4-9所示。

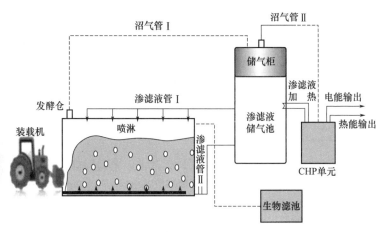

图4-9　车库型干法发酵工艺

2. Kompogas工艺

Kompogas工艺属于单级高温干式（高固体）厌氧消化技术。工艺分供料准备、发酵、堆肥、废水处理、沼气利用和废气处理六大部分。有机废弃物首先经过预处理，然后进入水平的厌氧反应器进行高温消化，物料在反应器内部的搅拌器间歇搅拌作用下以水平塞流的形式在反应器中行进，经过大约20天的停留时间后被推至反应器的末端离开系统。含水率高的消化产物经过脱水、压缩成饼后进行好氧稳定化处理，脱水产生的渗出液回喷进料，起到加湿进料及微生物接种作用，剩余渗出液送往废水处理厂进行厌氧产沼，也可作为液态肥料出售。产生的沼气中去除二氧化碳和水，可以作为汽车燃料使用。

该工艺参数为，物料经过预处理达到以下要求：总固体浓度（TS）30%~45%，挥发性固体含量（VS）55%~75%，粒径小于40mm，pH=4.5~7.0，凯氏氮含量小于4g/kg，碳氮比大于18。目前在瑞士、日本等国家建立了大约20个处理厂，其中处理量为10000t/年以上的有12个，10000t/年以下的有8个。

3. Dranco 干式厌氧堆肥

Dranco（干式厌氧堆肥）工艺是于20世纪80年代末开发出来的一项工艺，同时也是 Sordisep（Sorting-Digestion-Separation，分类—消化—分离）系统的生物处理部分。该工艺属于单级高温干式（高固体）厌氧消化工艺。有机废弃物从反应器的上部加入至消化器中，在反应器中没有搅拌混合，物料以活塞流的方式下流，期间一些产生的气体上流。经过厌氧消化反应后沼渣从底部排出。排出的消化产物部分作为接种体回用，剩下的经脱水机脱水至总固体浓度55%，再经好氧稳定两周即可得到卫生、稳定的有机肥料和土壤改良剂。液体部分回流调节垃圾的固体含量，剩下的消化液经过好氧塘处理之后排放至污水处理厂。工艺流程如图4-10所示。

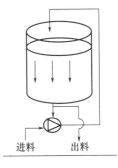

图4-10　Dranco 工艺
示意图

进料　　出料

该工艺参数：消化器的新鲜物料投配率为5%，反应器负荷10kgCOD/（m³·天），温度50~58℃，停留时间为20天（15~30天），进料的固体浓度为15%~40%。

4. Biocel 工艺

Biocel 工艺是中温干式序批式有机废弃物厌氧消化技术，此工艺正处于发展阶段。荷兰 Lelystad 处理厂的处理量为 50000t/年。工艺流程如图 4-11 所示。反应器内垃圾总固体浓度为 30% ~ 40%，消化温度为 35 ~ 40℃，固体停留时间最少 10 天。

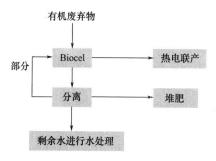

图 4-11　Biocel 工艺示意图

第二节　养殖场大（特大）型沼气工程建设新技术

中华人民共和国农业行业标准《沼气工程规模分类》（NY/T 667—2011）中规定，沼气工程厌氧消化装置单体容积为 V_1（m^3），总体容积为 V_2（m^3），当 $2500 > V_1 \geqslant 500$，$5000 > V_2 \geqslant 500$ 时，该工程规模为大型沼气工程；当 $V_1 \geqslant 2500$ 时，$V_2 \geqslant 5000$ 时，该工程规模为特大型沼气工程。

一　发酵罐建设新技术

目前，我国的沼气工程发酵罐大多以钢筋混凝土为材料，施工期长，占地面积大，质量难以控制，使一些工程因施工质量不合格而不能正常运行。有一部分沼气工程采用钢板结构，但传统的焊接方法因用料多、成本高、易腐蚀等问题而影响推广应用。国外的实用经验与国内的示范工程表明，在沼气工程中，对于大（特大）型沼气工程的圆形罐体，拼装预制和 Lipp 制罐技术具有极好的实用性和极强的竞争性。随着国产化进程的提高，制作成本的降低，拼装预制和 Lipp 制罐技术必将得到广泛的推广与应用，拼装预制技术主要有 ECPC 工艺和搪瓷钢板拼装工艺。

1. ECPC工艺

ECPC拼装罐是由特制钢板、专用密封材料、自锁螺栓等材料组装而成的（见图4-12）。ECPC为e-coating and powder-coating的英文首字母缩写，其中EC为电泳防腐，PC为热固性粉末喷涂防腐。ECPC的含义为电泳+喷涂的双层防腐工艺。该工艺对特制钢板的表面进行处理，在钢板表面形成均匀的漆膜保护层，其硬度、附着力、耐腐、抗冲击性能均可满足厌氧发酵罐的需求。采用该工艺的拼装罐的显著优点是：防腐蚀性能好，罐体使用寿命长；高强度自锁式带胶帽螺栓，止水防腐效果好；耐高温密封胶，可抗生物腐蚀。

图4-12　ECPC拼装沼气罐

ECPC拼装罐采用钢板搭接技术，利用螺栓进行连接紧固安装而成，罐体及罐顶材料均采用Q235B钢板，在工厂内将钢板机械加工处理后进行纵向、横向搭接，搭接处采用专业高分子密封材料聚硫胶将其密封拼装组合。ECPC拼装罐运用了先进的表面防腐处理技术"阴极电泳处理"技术，比搪瓷技术的生产难度低，与传统防腐处理技术相比具有防腐效果好且耐高低温、耐磨、抗冲击，在运输过程中可减少或避免碰撞损坏，并且克服了搪瓷拼装罐运输及安装过程中的碰撞造成掉瓷和大面积爆瓷现象的发生。

2. 搪瓷钢板

沼气搪瓷钢板厌氧发酵罐是采用搪瓷钢板、专用密封胶、自锁螺栓等材料组装而成的（见彩图13），使用寿命长达30年。搪瓷钢板是采用专用钢板经过特殊的工艺处理而制成的，强度为普通钢板的2倍。在钢板的表面涂上三层搪瓷涂层，形成黑色的搪瓷，经过

950℃高温加热，使钢板表面形成0.35mm厚的搪瓷涂层，预处理板经过喷砂处理，使搪瓷层和钢板之间形成很强的结合力。搪瓷涂层形成的保护层不仅能阻止罐体腐蚀，而且具有抗酸、碱的功能。搪瓷涂层同样具有极强的抗磨损性。搪瓷钢板之间的拼接采用了钢板相互搭接并用自锁螺栓连接的形式。专用的密封材料镶嵌在两板重叠之间。这种装配结构达到了快速低耗的安装要求，并可以根据客户的要求、参照现场的实际尺寸定做加工。

搪瓷钢板的耐腐蚀特性非常适合于沼气能源领域，罐体也可与膜式沼气储存柜组合，做成发酵产气与气体储存的一体化装置。沼气搪瓷钢板厌氧发酵罐可广泛用于储存各类粪便、废水、液体和固体物料。

3. Lipp 罐

Lipp制罐技术（见彩图14）是一种具有世界先进水平的制罐工艺与技术，但是需要特殊机械。20世纪80年代，国内粮食系统引进多套加工机械，并且应用在粮仓上，目前也逐步应用于污水处理和沼气工程。

采用的薄壁结构虽然材料用量减少，但是由于其相等间距的咬合筋（或拴接）的作用，拼装预制和Lipp制罐具有相当大的环拉强度。对于圆形池体，满足了环向受压的要求，也就是基本满足了池体的强度要求。环向拉力的强度，对于不同的材料、不同的介质及不同的池容需要进行计算。计算的过程实际上就是寻求最佳材料厚度的过程。例如，对直径为10m、总高度为6.5m、水力高度为6m的1000m³反应器，其壁厚可选用了两种不同壁厚的材料用于不同水力高度的位置，罐体下部壁厚为3mm，而罐体上部均选用2mm。

从理论上讲，罐的壁厚可比2mm小，但是，考虑到结构稳定性等因素，一般不小于2mm。对于直径大、高度高的罐体，理论上可选用更厚的钢板制作。但由于国内搪瓷钢板的规格和Lipp制罐机械在机械压紧强度、咬口紧密度等方面的限制，罐体的选用材料壁厚一般最大为4mm。所以，国内采用这两种技术制作的最大罐体直径为40m。对于特殊的超大超高的罐体，可选用高强度材料。同样，由于价格成本和池形的限制，拼装预制和Lipp制罐不适用对于容积小和直径小于 5m 的反应器。从结构上考虑拼装和 Lipp 技术不适用于地下池和方形结构池。

二 沼气净化提纯新技术

沼气提纯就是去除沼气中的杂质组分,使之成为甲烷含量高,热值和杂质气体组分品质符合天然气标准要求的高品质燃气。沼气提纯有四种方法可以实现,分别是吸收法、变压吸附法、低温冷凝法和膜分离方法。

1. 吸收提纯法

吸收提纯法是利用有机胺溶液(一级胺、二级胺、三级胺、空间位阻胺等)与二氧化碳的物理化学吸收特性来实现的,即在吸收塔内的加压、常温条件下与沼气中的二氧化碳发生吸收反应进行脱碳提纯甲烷,吸收富液在再生塔内的减压、加热条件下发生逆向解析反应,释放出高纯度的二氧化碳气体,同时富液得到再生具备重新吸收二氧化碳的能力,从而实现沼气在吸收塔内的连续脱碳提纯甲烷过程,并使得脱碳液进行连续的吸收和再生循环工作。

2. 变压吸附提纯法

变压吸附提纯法是利用吸附剂(如分子筛等)对二氧化碳的选择性吸附特点,即在吸附剂上二氧化碳相对其他气态组分有较高的分离系数,来达到对沼气中二氧化碳进行脱除的目的。在吸附过程中,在加压条件下原料气中的二氧化碳被吸附在吸附塔内,甲烷等其他弱吸附性气体作为净化气排出,当吸附饱和后将吸附柱减压甚至抽成真空使被吸附的二氧化碳释放出来。为了保证对气体的连续处理要求,变压吸附提纯法至少需要两个吸附塔,也可是三塔、四塔或更多。

3. 低温冷凝提纯法

低温冷凝提纯法是利用二氧化碳液化温度高的特点,通过低温作用使沼气中的二氧化碳被液化,甲烷组分作为不凝气以提纯产品气排出。为了降低运行能耗,通常采用回热技术将剩余冷量进行回收。

4. 膜分离提纯法

膜分离提纯法是利用不同气体组分在压力驱动下通过膜的渗透

第四章 养殖场沼气建设新技术

性作用的不同来实现的，通常情况下二氧化碳的渗透速度快，作为快气以透过气排出，甲烷的渗透速度慢，作为慢气以透余气形式获得提纯产品气。在工程中，为了提高甲烷气的浓度，常采用多级膜分离工艺。

沼气提纯工程主要采用的是吸收和变压吸附这两种方法，低温冷凝法和膜分离法由于技术成熟度和经济性等原因应用得还很少。几种提纯方法比较见表4-2。

表4-2　几种提纯方法比较

项　　目	吸收提纯法	变压吸附提纯法	低温冷凝提纯法	膜分离提纯法
甲烷回收率	高	较高	较高	低
提纯气甲烷浓度	高	高	高	较高
再生气纯度	高	较高	高	中等
运行能耗	中等	低	高	低
设备投资	中等	较高	高	高
技术成熟度	高	高	中等	低

第三节　养殖场中小型沼气工程建设新技术

中小型沼气工程是指单体沼气发酵容积在 $20 \sim 500m^3$，或者总体容积在 $20 \sim 1000m^3$ 的沼气工程，并配套有发酵原料的预处理系统、沼渣、沼液综合利用系统及沼气的储存、输配和利用系统。

中小型沼气工程的工艺条件与大型沼气工程既有相同之处也有一定的差异。中小型沼气工程建设要结合养殖场的实际情况，从多方面综合考虑。

一　适用的养殖规模

中小型沼气工程建设规模应与养殖规模相匹配。建设规模过大，会造成投资成本过高，粪污原料不足；过小，又会造成处理粪污能力不足，导致原料过剩。中小型沼气工程选址要符合养殖场生产的整体规划，必须满足工程对原料、能源、水电的供应需求，充分利用地形地貌，节约建设用地。建设地点要有较好的工程地质条件。尽量选择在养殖场和附近居民区主导风向的下风向，以防止病原体的传播。

> ● 【提示】 按照中小型沼气工程的总池容 20~1000m³ 计，养殖场生猪存栏为 10000 头以下，奶牛存栏 1000 头以下，肉牛 2000 头以下，或者蛋鸡存栏 30 万羽以下，肉鸡存栏 60 万羽以下，或者与此规模相当的畜禽养殖量比较合适。

二 建设方式

中小型沼气工程厌氧池有地上式、地下式、半地上式三种，应根据养殖场所处位置、地形地貌、地下水位、环境、投资成本、建设技术等方面综合考虑沼气工程的建设方式。

1. 地上式沼气工程

地上式沼气工程需要提升泵进料，自流出料，厌氧消化器可以建得比较大，300~1000m³。消化器内料液压力大，对地基强度要求高。建设材质有钢筋混凝土、搪瓷拼装、钢板焊接等。建造专业性强，建设费用较高。增温、保温设施齐全，容易安装，维修保养方便。我国北方中型沼气工程应用较多。厌氧消化器种类有 CSTR、USR、UASB、AF 等。

工程实例：临朐县同胜奶牛养殖专业合作社中型沼气工程（见图 4-13）

图 4-13 地上式中型沼气工程

本工程主要建设内容为 $600m^3$ CSTR 一体化厌氧反应器 1 座及其配套设施，处理临朐县同胜奶牛养殖专业合作社 600 头奶牛产生的粪污，产生的沼气供 300 户用，沼渣和沼液供周围蔬菜大棚使用。冬季沼气工程通过烧煤气两用锅炉升温和发电余热增温，能正常运行，运行效果好。

2. 地下式沼气池

建造地下式厌氧反应器时从地面往下挖坑，采用钢筋混凝土建造，利用自然地势之差自流进料和自流出料，减少动力提升，节约能源，占地少，建设费用低，管理方便，冬季可依靠地温进行保温，但不利于中温或高温发酵，维修保养难度大。我国南方常温中型沼气工程应用较多。但在地下水位比较高的地方不宜采用地下式厌氧装置。

工程实例：山东省农业科学院家禽研究所蛋鸡中小型沼气工程（见图 4-14）

图 4-14　地下式中型沼气工程

该沼气工程建设总容积 $180m^3$，为 3 个 $60m^3$ 的水压式沼气池串联。日处理鸡粪废水 6.0t，发酵浓度为 12%，滞留期为 30 天，日产沼气量 $100m^3$，产生的沼气主要供食堂做饭。

为保证冬季正常运行，该工程建设采用"耐低温沼气池"（专利号 ZL200710016324.4），即从结构上对沼气池进行优化，发酵主池采用"夹芯"层结构，添加保温材料。该技术可以大大提高沼气池的保温效果及密闭性，确保冬季沼气池内料液温度在 14℃ 以上，保证沼气池全年正常使用。

3. 半地上式沼气工程

半地上式沼气厌氧池介于地上式和地下式之间（见彩图 15）。一般需要提升泵进料，也可自流出料。建池材料可用钢筋混凝土或玻璃钢。半地上式钢筋混凝土红泥塑料沼气池是其典型代表。该沼气池的发酵池由发酵间和贮气间两部分组成，池体为发酵间，红泥塑料部分为贮气间。进料可通过进料间进入发酵池，也可大换料时打开红泥塑料一次性进料，产生的沼气通过红泥塑料袋收集利用。该工艺建造简单，建设工期短，投资少，安装拆卸容易，维修、搬迁方便，进出料容易。

三 池型选择

中小型沼气工程按组成可分为单池、双池或一体化池。经过多年的发展，形成了多种中型沼气工程厌氧消化器的池型，不同池型各有特点。

1. 单池

地上式中型沼气工程厌氧消化器一般采用单池建造。而地下式的厌氧消化器单池的池容多在 $400m^3$ 以下，超过 $500m^3$ 则工程成本会大大增加，技术要求更高，难以保证工程建设质量。

2. 双池或多池

一般来说，总池容达到 $600 \sim 1000m^3$ 的中型沼气工程厌氧消化器以分作 2 个或 3 个池来建设比较合适。一是小的消化器建造方便，技术成熟有保障；二是即使一个消化器正在检修，另一个消化器还能照常运行。

3. 一体化池

厌氧贮气一体化池是一种地上式或半地上式结构。罐体可以采用钢结构或钢筋混凝土结构，采取组合装配方式建造。下部为发酵原料发酵区；上部为双膜式柔性贮气柜，用于收集、储存沼气。该工艺技术可节省建设用地、降低造价、减少投资。

4. 圆形池

1）结构受力性能好。受力各阶段在池内外轴对称荷载作用下，池体各部位大部分处于变压状态，池墙有些部位虽有受拉现象，但拉力应不大。这就便于采用砖、石、混凝土等抗压强度远大于抗拉强度的脆性材料建池，使结构厚度变薄，从而显著降低建池造价。

2）节省建池材料用量。同一容积的沼气池，球形池表面积最小，圆形池表面积仅次于球形池。在容积、受力相同条件下，圆形池比长方形池表面积约小 20%。因此，建造圆形池的材料用量是比较节省的。

3）施工简易。圆形池主要由削球形球壳和圆柱壳组成，利于标准化设计、工厂化生产、现场装配化施工。

4）死角小，有利于甲烷菌活动，密闭问题易解决。

5. 圆柱形池

圆柱形池是中型沼气工程厌氧消化器普遍采用的外形结构，池体直径一般为 6～10m，柱体高与直径比为 0.8～2.0。对于地下式池，消化器底部和顶部做成削球形球壳状。对于地上式来说，反应器池底要保持一定坡度，池顶部集气罩部分为圆锥形壳，高度采用 0.5～1.5m。池体设置人孔，以便检修。

6. 拱形池

中型沼气池除采用圆形池外，拱形沼气池正在逐步扩大应用。

7. 长方形池（或矩形池）

长方形池（或矩形池）外形近似长方形（或矩形），卧式，结构由发酵间、贮气间、水压间、进料口和出料口、搅拌器、导气喇叭等组成。发酵间主要储藏发酵原料，与位于发酵间上方的贮气间相通。搅拌器的作用则是使物料不致沉于池底，也能防止结壳，加速发酵进行。目前，我国该种池型在中型沼气工程中应用较少，当需要较多的气量时，可将数座发酵池串联在一起，组成联合沼气池。

1. 拱形混凝土沼气池

（1）池址选择　拱形混凝土沼气池在进行池址选择时，除考虑前述圆形池建设原则外，重点要尽量选择地基比较均匀的地带，否则会因地基土不均匀沉降引起池体开裂。在不均匀地基上面建池时，要对地基进行认真处理，使其变形一致。

（2）施工要点　施工要点如下：

1）沼气池可采用大开挖施工，也可采用土胎模施工池盖，然后从两端取土。后者节约模板值得推荐。为保证沼气池的几何尺寸，应事先做好池盖、池底拱形模架，以便随时检查。施工中应注意，一定要待池盖（可用砖砌或混凝土）和蹬脚（可用浆砌卵石、块石或现浇混凝土）达到设计强度的70%以后，方能从两端取土，然后进行池底施工，最后进行端墙施工。

2）大开挖施工拱形池时，为节约模板，对于拱形池盖，不必满铺模板，可分段浇注或砌筑。待达到一定强度（以50%设计强度为宜）时，将拱形模板水平移动，再浇注或砌筑第二段，直至全部。但需要注意，采用混凝土整浇池分段施工，两段之间应做好拉毛处理，以免新老混凝土黏结不牢，影响池盖施工质量。

3）拱形池墙外可用砖砌筑或现浇混凝土。对于后者，两边的模板可用砖砌胎模，然后用低标号水泥砂浆抹面作为隔离层。待混凝土达到一定强度后，便可拆模。需要注意，端墙回填土的质量一定要保证，而且要在端墙达到设计强度后方可进行。

4）在进行池内壁密封层施工时，除前面所述外，还需要注意在池盖、池底交接处应局部加厚成圆弧形。

5）拱支座是受力的重要部位，必须确保工程质量。对于松软的地基或承载力较低的地基应计算需要的若干钢筋混凝土、水平拉杆，甚至用预应力钢筋混凝土拉杆（视计算而定），其拉杆可先预制后再局部现浇节点。如果在地基土质较好，以及地下水位较低，池容积不大，所产生水平推力不大的情况下，可根据计算要求，在边梁和墙基土之间用浆砌卵石（或块石）或浇注大卵石混凝土，以加大地基土承压面，使其具有足够的地基强度储备。施工中注意混凝土必须浇注密实，并与地基紧密结合，并在池盖受力面层做好排水措施，以防雨水浸透，影响地基承载能力。关于钢筋混凝土拉杆或预应力钢筋混凝土拉杆的施工可参见国家有关标准和规范。

2. 红泥塑料池

红泥塑料沼气池是一种地上式池，我国于 20 世纪 80 年代中期引进，现已得到有效推广。目前，我国福建省一带应用较多。其特点：一是材料抗老化、耐腐蚀、阻燃，使用寿命长；二是吸热性优，可充分利用太阳能，提高发酵温度；三是安装方便，商品化生产，降低投资；四是规格灵活，适用于不同厌氧工艺池顶的覆盖；五是发酵槽采用大揭盖的方式进料和出料，特别适宜批量进料的干发酵作业，固体物质的含量可达 20% ~ 25% 。

工程特点是厌氧池可采用砖混—矩形结构，施工容易，造价低。工艺特点是可通过沼气池覆膜吸收太阳能，从而加热污水，增强厌氧菌活性；采用低压—恒压—厌氧技术，有利于沼气释放，提高产气率；水流沿程具有良好的优势菌群分布，厌氧效果好。

> ⟩ 【提示】 雨水较多的地方可在沼气池上方加盖透明费隆瓦大棚，以减轻雨水的冲击。

第四节　养殖场沼气工程运行维护与管理

一 养殖场沼气工程设备维护

1. 养殖场沼气工程设备的构成

养殖场沼气工程按照工艺流程可分为以下几部分：①沼气发酵预处理装置与配套设备；②沼气厌氧消化器与配套设备；③沼气净化与储存设备；④"三沼"利用装置与设备；⑤附属设备。

2. 预处理设备的使用与维护

养殖场沼气工程预处理设备主要包括格栅渠、集料池、沉砂池、调配池等。预处理配套机电设备主要包括格栅、混合搅拌、输送及进料泵、粉碎机等预处理设施和配套设备。预处理设施功能定位为收集原料并去除杂物，对畜禽粪便等进行预处理达到工艺要求，原料混合达到工艺要求的浓度，保证进料顺畅。

（1）格栅（见图4-15）畜禽粪便水中通常含有较多的浮渣，可导致水泵、阀门和管道等机械设备损坏，而且会导致管道堵塞、在厌氧罐内发生淤积，减小有效容

图4-15　格栅

积，还严重影响后续处理工艺的处理效果。养牛场粪污采用综合利用处理工艺时，预处理应有粪草分离、切割装置。养鸡场粪水混合前应先清除鸡粪中的羽毛，当废水中含有的羽毛等漂浮物较多时，应考虑在调节池前设置二级水力筛网，以达到进一步去除杂质的目的。

（2）集料池　养殖场畜禽粪污（主要是冲洗水）经过格栅进入集料池，经输送泵（一般使用潜污泵）输送至下一单元。集料池主要起收集料液的作用。

（3）沉砂池　对于含泥沙量较多的发酵原料应设置沉砂池。沉砂池应定时排沙和清捞浮渣（每天至少两次）。沉砂池排除的沉砂应及时外运，不得存放超过24h。排沙管应经常清通，保持通畅，沉砂池每两年应清池检修一次。

（4）调配池（见图4-16）在调配池内，养殖场干清粪便与污水搅拌混合，调节到工艺需要的浓度（5% ~ 10%）、温度、pH等，经输送泵（一般使用潜污泵、泥浆泵或螺杆泵）输送至厌氧发酵装置。调配池一般采用

图4-16　调配池

机械搅拌或液下搅拌，水位不得低于泵的最低水位线，需要注意池底沉积物，特别是沉砂，可根据实际情况，每三个月清理一次，搅拌器应定期检查。

图 4-17　潜水式无堵塞污物泵

3. 输送设备

（1）潜水式无堵塞污物泵（见图 4-17）　潜水式无堵塞污物泵主要有 QW 潜水式、LW 立式、YW 液下式等。主要特点：叶轮具有很大的流道，能通过大的物料及纤维垃圾，减少堵塞、缠绕等故障。另外，该系列泵采用了先进的机械密封装置，泵轴及紧固螺钉全部采用不锈钢材料，强度高，抗腐蚀能力强，并配三相漏电保护器，能可靠保证电机安全。

（2）自吸式无堵塞排污泵（见图 4-18）　使用时环境温度小于或等于 45℃，介质温度小于或等于 60℃；对于介质的 pH，

图 4-18　自吸式无堵塞排污泵

铸铁泵为 6 ~ 9，不锈钢泵为 1 ~ 14；介质密度小于或等于 1240kg/m³；新泵工作前打开泵上方的加水阀门，加入不少于泵腔容积 2/3 的储液水，关紧阀门，以后使用不需要再加水。

（3）螺杆泵（见图 4-19）　螺杆泵主要输送高黏度介质和含有颗粒或纤维的高固体含量的介质。此种泵压力高而稳定，流量均匀，转速高，能与电动机直联；流量与泵的转速成正比，因而具有良好的变量调节性；体积小，质量小，噪声低，结构简单，维修方便；损失小，经济性能好。

图 4-19　螺杆泵

螺杆泵使用注意事项：开机前必须先确定运转方向，不得反转；严禁在无介质情况下运转，以免损坏定子；新安装或停机数天后的单螺杆泵不能立即启动，应先向泵体内注入适量机油，再用管子钳扳动几转后才可启动；输送高黏度或含颗粒及腐蚀性的介质后，应用水或溶剂进行冲洗，防止阻塞，以免下次启动困难；冬季应排除积液，防止冻裂；螺杆泵使用过程中轴承箱内应定期加润滑油，发现轴端有渗流时，要及时处理或调换油封；管道中的进出口阀门关闭时不能开启泵；在运行中发生异常情况，应立即停车检查原因，排除故障。

4. 厌氧发酵装置设备的使用与维护

厌氧发酵装置设备主要包括搅拌器、沼气锅炉及正负压保护器。

（1）搅拌器（见图4-20）　搅拌器的主要功能是对发酵物料进行搅拌，使物料混合均匀。以CSTR反应器内应用范围最广，主要包括顶搅拌、侧搅拌、斜搅拌等。

图4-20　搅拌器

（2）沼气锅炉（见图4-21）　沼气锅炉的主要功能为冬季通过燃烧沼气为厌氧罐加热增温。沼气锅炉使用时应注意沼气管道要严防泄漏。炉前段管道在送沼气前应用蒸汽吹刷管道内的空气，然后送沼气；停沼气时，再用蒸汽吹刷管内沼气。点火之前先将风闸拉开，微开引风机，使炉膛内存气排出，并有一定负压，然后先点火，后开沼气，燃烧后逐渐调节沼气量。严禁先开气后点火。如果输送的沼气点不着或点着后又熄灭，在找出原因、排净炉膛内混合气体后再点火。停炉时要先关沼气再停风机。

（3）正负压保护器　当反应器内的沼气压力超出设定压力时，正压保护器会自动释放，从而确保反应器不受到损坏。

5. 沼气净化、储存与利用装置设备的维护

沼气净化装置主要为脱水脱硫装置，储存装置主要为低压干式双膜气柜和低压湿式气柜，利用装置主要为沼气发电机。贮气装置应配置必要的安全警示标记及报警系统。贮气装置的出口管应有防止产生负压的措施。贮气装置的出口管道及放空管道中应设置阻火器。

图4-21　沼气锅炉

（1）沼气净化装置　气水分离器、凝水器及沼气管道中的冷凝水应定期排放。排水时应防止沼气泄漏。脱硫装置应定期排污，脱硫剂应定期再生或更换。冬季气温低于10℃，应采取保温措施。

（2）沼气储存装置　低压干式双膜气柜：低压干式双膜气柜（见彩图16）应设置补压与泄压自动恒压及手动恒压装置；钢制压力容器贮气罐应设置安全阀，使用的安全阀应处于检验合格期内；贮气罐应按照劳动安全部门规定进行管理；产气与贮气一体化膜气柜、玻璃钢等其他新材料气柜应设置相应自动及手动泄压装置；沼气增压压缩机宜采用露天或棚式布置；机棚或封闭式厂房顶部应采取通风措施。

低压湿式气柜（见图4-22）：使用湿式气柜的地区冬季室外温度应调控在-5℃以下，应采取添加防冻液、水槽保温层、保温墙、蒸汽加热装置等防冻措施；每半年测定储气柜水封池内水的pH，当pH小于6时，应换水；

图4-22　沼气贮气柜

贮气柜外表面的油漆或涂料应定期涂饰；贮气柜升降装置应经常检查，添加润滑油；操作人员上下贮气柜巡视或操作维修时，必须穿防静电的工作服，不得穿带铁钉的鞋；严禁在贮气柜钟罩处于低水位时排水。

（3）沼气利用装置　沼气发电机（见图4-23）　应保持清洁，无漏油、漏水、漏气、漏电现象；机组各部件应完好无损，接线牢固，无螺钉松动，仪表齐全、指示准确；新装或大修后的发电机组应先试运行，性能指标测试合格后才能投入使用；沼气管道中应设置防回火的水封或阻火器等设施，防止发电机回火时火焰燃烧到贮气柜，造成火灾或引起爆炸；发电机组每次运行完毕要关好输气管道的阀门，防止沼气渗漏扩散，以免发生火灾和中毒事故；经常检查输气管道和阀门有无漏气现象，电站内如闻到较浓的臭鸡蛋味，应立即打开门窗，加强室内通风，排出沼气；发电机排气管应通出室外，电站内严禁烟火。

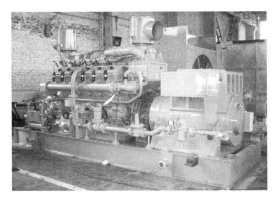

图4-23　沼气发电机

二　养殖场沼气工程运行管理

1. 沼气工程的启动调试

沼气工程的启动调试是指从投入接种物和原料开始，经过驯化和培养，使沼气工程中厌氧活性污泥的数量和活性逐步增加，直至沼气工程的运行达到设计要求的全过程。这个过程所经历的时间称为启动期。

（1）准备工作　检查各处构筑物和设施内的杂物是否清除干净；所有要求气密性的装置（厌氧消化器、储气罐、脱硫设备、气水分离装置及阻火器等）应进行试水和气密性检验，并合格；检查各类管道、阀门和设备是否清理、疏通，并已处于备用状态；对水泵、电动机、加热装置、搅拌装置、气体收集系统及其他附属设备等应进行了单机试车和联动试车；各种仪表校正完成；沼气发酵原料准备（量和质的检查）完成；制订出启动调试方案、运行操作规程和相关管理规定，并对沼气工程运行管理人员、操作人员、维修人员及安全管理人员已完成了专业技术培训；监控室及设施、设备附近的明显部位已张贴必要的工作图表、安全注意事项、操作规程和设备运转说明等。

（2）接种污泥　接种的厌氧污泥可取自正在运行的厌氧消化器内的剩余污泥（最好是相同发酵原料的）。污泥缺乏的工程也可使用农村沼气池的污泥。最好一次投加足够量的接种污泥，污泥接种量最少为厌氧消化器有效容积的 10% ~ 20%，30% 为宜，不要超过 60%。

（3）启动要点　启动初始时，低负荷投料，新料液 pH 调到 6.5~7，每次进料量是沼气池内料液量的 5% ~ 10%，每间隔 7~8 天进料一次，此阶段为启动的第一阶段。以后逐渐缩短每次进料间隔，逐渐增加每次进料量，直至得出每天的最大进料量，并能满足沼气池正常运行（达到设计负荷，满足产气指标、有机物去除率指标等）。要经常检测 pH、挥发酸、总碱度、温度、气压、产气量和沼气成分等。

2. 沼气工程的运行管理

（1）基本要求　运行管理人员必须熟悉沼气工程工艺和设施、设备的运行要求与技术指标；操作人员必须熟悉本岗位设施、设备的运行要求和技术指标，并了解沼气工程工艺流程；操作人员应按时准确地填写运行记录；运行管理人员应定期检查原始记录；运行管理人员和操作人员应按工艺和管理规定巡视检查构筑物、设备、电器和仪表的运行情况。

（2）管理要点　投料量和周期应按工艺设计参数进行管理，并在实践中摸索出最佳参数；要维持相对稳定的厌氧消化温度；厌氧消化器的搅拌根据工艺要求进行，不得与排泥同时进行；要进行相应的指标检测，如总固体浓度、挥发性固体含量、pH、挥发性脂肪酸（VFA）、总碱度、温度、气压、产气量和沼气成分等指标；通过指标检测，及时掌握厌氧消化池运行工况，根据监测数据及时调整运行方案或采取相应措施；厌氧消化器排泥时，应将厌氧消化器与贮气罐连通，避免系统或装置内形成负压；沼气应充分利用，需排放的沼气应通过火炬燃烧后排入空气中；湿式贮气罐水封池内的水封液应满足设计要求，要定期检查水封高度（特别是夏季应及时补充清水），冬季气温低于0℃时应采取防冻措施，应定期测定贮气罐水封槽内水的pH，当pH小于6时应换水；输气管道内的冷凝水应定期排放，排水时应防止沼气泄漏；脱硫装置中脱硫剂应定期再生或更换，冬季气温低于0℃时应采取防冻措施；发现运行异常时应采取相应措施，及时上报并记录后果。

（3）维护保养　定期检查贮气罐、沼气管道及闸阀是否漏气，厌氧消化器主体、各种管道及闸阀每年应进行一次检查和维修；厌氧消化器的各种加热设施应经常除垢、检修和维护；当采用热交换器加热时，管路和闸阀处的密封材料应定期更换，搅拌系统应定期检查维护；寒冷地区冬季应做好设备和管道的保温防冻工作；贮气罐、溢流管、防爆装置的水封应有防止结冰的措施。

> 【提示】厌氧消化器、贮气罐运行5年宜清理、检修一次，湿式贮气罐的升降装置应经常检查，添加润滑油，沼气报警装置应每年检修一次。

3. 沼气安全生产与防护

（1）沼气的成分及特性　沼气的成分及特性如下：

1）沼气的成分。沼气是一种混合的可燃气体，其成分不仅随发酵原料的种类及相对含量的不同而有所变化，而且在不同的发酵条件和发酵阶段其成分也不同。一般情况下，沼气的主要成分是甲烷（CH_4）和二氧化碳（CO_2），此外还有少量的硫化氢（H_2S）、氢气

（H_2）、一氧化碳（CO）、氮气等气体。其中，甲烷占 50% ~ 70%，二氧化碳占 30% ~ 40%，其他成分含量极少。

2）沼气的性质。沼气是一种无色气体，由于它常含有微量的硫化氢（H_2S）气体，所以，脱除硫化氢前有轻微的臭鸡蛋味，燃烧后，臭鸡蛋味消除。沼气的主要成分是甲烷，它的理化性质也近似于甲烷（见表 4-3）。

表 4-3　甲烷与沼气的主要理化性质

理 化 性 质	甲烷（CH_4）	标准沼气 （$CH_4 \approx 60\%$，$CO_2 < 40\%$）
体积分数	54% ~ 80%	100%
热值/（kJ/m^3）	35820	21520
密度（标准状态）/（g/L）	0.72	1.22
相对密度/（与空气相比）	0.55	0.94
临界温度/℃	- 82.5	- 25.7 ~ 48.42
临界压力/（$\times 10^5 Pa$）	46.4	59.35 ~ 53.93
爆炸范围（与空气混合的体积百分比）	5% ~ 15%	8.80% ~ 24.4%
气味	无	微臭

① 热值。甲烷是一种发热值相当高的优质气体燃料。$1m^3$ 纯甲烷在标准状况下完全燃烧，可放出 35820kJ 的热量，最高温度可达 1400℃。沼气中因含有其他气体，发热量稍低一点，为 20000 ~ 29000kJ/m^3，最高温度可达 1200℃。因此，在人工制取沼气中应创造适宜的发酵条件，以提高沼气中甲烷的含量。

② 密度。与空气相比，甲烷的密度为 0.55，标准沼气的密度为 0.94。所以，在沼气池气室中，沼气较轻，分布在上层；二氧化碳较重，分布于下层。沼气比空气轻，在空气中容易扩散，扩散速度比空气快 3 倍。当空气中甲烷的含量达 25% ~ 30% 时，对人畜有一定的麻醉作用。

③ 燃烧特性。甲烷是一种优质气体燃料，一体积的甲烷需要两体积的氧气才能完全燃烧。氧气约占空气的 1/5，而沼气中甲烷含量为 60% ~ 70%，所以一体积的沼气需要 6 ~ 7 体积的空气才能充分燃

烧。这是研制沼气用具和正确使用用具的重要依据。

④ 爆炸极限。在常压下，标准沼气与空气混合的爆炸极限是 8.80% ~ 24.4%；沼气与空气按 1∶10 的比例混合，在封闭条件下，遇到火会迅速燃烧、膨胀，产生很大的推动力。因此，沼气除了可以用于炊事、照明外，还可以用作动力燃料。

⑤ 有毒性。正常状态下，空气中的二氧化碳含量为 0.03% ~ 0.1%，氧气为 20.9%；当空气中的二氧化碳含量增加到 1.74% 时，人的呼吸就会加快、加深，换气量比原来增加 1.5 倍；当空气中的二氧化碳含量增加到 10.4% 时，人的忍受力最多坚持 30s；当空气中的二氧化碳含量增加到 30% 左右时，人的呼吸就会受到抑制，以致麻木死亡；当空气中的氧下降到 12% 时，人的呼吸就会明显加快；氧气下降到 5% 时，人就会出现神志模糊症状；如果人们从空气新鲜的环境里突然进入含氧量只有 4% 以下的环境，40s 内就会失去知觉，随之停止呼吸。沼气池内只有沼气，没有氧气，并且二氧化碳的含量又占沼气的 35% ~ 45%，所以，维修人员进入沼气池维修前一定要将池内的余气排空，并经测试合格后方可进行操作。

（2）沼气的安全生产　沼气的安全生产如下：

1）定期检查沼气管路系统和设备是否漏气，如发现漏气，应迅速停气检修。

2）厌氧消化器运转过程中，不得超过设计压力或形成负压。

3）严禁随便进入具有有毒、有害的厌氧消化器、沟渠、管道、地下井室及贮气罐。需进入时，必须采取安全防护措施（通风、动物安全试验、安全带、救护措施）。

4）操作人员在维护、启闭电器时，应按电工操作规程进行。

5）维护保养有机械部件设备时，应采取安全防护措施。

6）产沼气后，站内严禁烟火，严禁钢铁制工具撞击和电气焊操作，操作人员不得穿带铁钉的鞋子。

7）贮气罐因故需放空时，应间歇释放，严禁将储存的沼气一次性排入大气。放空时应选择天气好的时候，在可能产生雷雨或闪电的天气情况下严禁放空。放空时还应注意下风向、有无明火或热源（如烟囱）。

8）严禁在贮气罐低水位时排水。

9）工作人员上贮气罐检修或操作时，严禁在罐顶板上走动。

（3）沼气泄漏处理及中毒急救　沼气泄漏处理及中毒急救方法如下：

1）出现沼气泄漏，应迅速关闭气阀，切断气源，立即切断室外总电源，熄灭一切火种，打开门窗通风，让沼气自然散发出室外。应迅速疏散人员，阻止无关人员靠近。到户外拨打抢修电话，通知专业人员到现场处理。如事态严重，应拨打“119”火警电话报警。

2）出现沼气中毒现象，应尽快让中毒者离开中毒环境，并立即打开门窗流通空气。中毒者应安静休息，避免活动后加重心和肺负担及氧的消耗量。有自主呼吸的中毒者，给氧气吸入；神志不清的中毒者，必须尽快抬出中毒环境，在最短的时间内检查病人呼吸、脉搏、血压情况，根据这些情况进行施救处理。

（4）安全用气　安全用气的注意事项如下：

1）用气前应仔细阅读《沼气安全服务指南》，掌握安全常识、燃气设施使用及维护常识。用户灶具附近明显处张贴沼气安全使用须知。

2）设置沼气灶的房间净高不低于2.2m，沼气灶的灶面边缘距木制家具净距不应小于0.3m，沼气灶与对面墙之间有不小于1m的通道。连接燃气灶具的软管应在灶面下自然下垂，并且保持10cm以上的距离，以免被火烤焦、酿成事故。注意经常检查软管有无松动、脱落、龟裂变质。

3）在有可能散发沼气的建筑物内，严禁设立休息室，居民住宅厨房内宜设置排气扇和可燃气体报警器。

4）公共建筑和生产用气设备应有防爆设施。

5）沼气贮气罐的输出管道上应设置安全水封或阻火器，大型用气设备应设置沼气放散管，严禁在建筑物内放散沼气。

【提示】用户应遵守以下规定：严禁在厨房和有沼气设备的房间睡觉；禁止乱拉、乱接软管；严禁私自拆、装、移、改沼气管道；不要将沼气管道作为电线的接地线；沼气灶具、气表、热水器周围不得堆放易燃、易爆物品；不能将室内沼气管道、气表等包裹封在室内装饰材料内。

第五节 "三沼" 综合利用新技术

一 沼气的综合利用

沼气中含有水蒸气和硫化氢,水蒸气在沼气管路中会增加沼气流动的阻力,还会降低沼气的热值;而硫化氢与水作用会加速金属管道、阀门及流量计的腐蚀和堵塞;硫化氢燃烧后产生二氧化硫,与水蒸气结合生产亚硫酸,会污染大气环境,影响人体健康。因此,沼气在利用前必须进行脱硫和脱水,使沼气的质量达到使用标准要求。沼气的综合利用主要包括以下几个方面:

1. 沼气作为生活用能

在生活用能方面,沼气最广泛的应用就是为做饭、热水器和照明(见图4-24)提供能源。$1m^3$ 沼气燃烧产生的热能相当于 $0.7~kg$ 标准煤,能使一盏沼气灯(亮度相当于 $60W$ 的电灯)照明 $6h$ 以上。

图4-24 沼气用于做饭和热水器

2. 沼气作为生产用能

沼气作为生产用能时主要供发电用。构成沼气发电系统的主要设备有燃气发动机、发电机和热回收装置。由厌氧发酵装置产出的沼气,经过水封、脱硫后至贮气柜,然后再从贮气柜出来,经脱水、稳压供给燃气发动机,驱动与燃气发动机相连接的发电机而产生电力。用于发电的沼气,其组分中甲烷含量应大于 60% ,硫化氢含量应小于 0.05% ,供气压力不低于 $6kPa$ 。

3. 用于日光温室增温补肥

沼气在日光温室中的应用主要有两个方面。一是燃烧沼气为日光温室增温补光（见图4-25），燃烧$1m^3$沼气大约可以释放21520kJ热量，在冬季气温较低或阴天时可以起到很好的效果。通常每$10m^2$安装一盏沼气灯，或者每$50m^2$安放一个沼气灶，每天早晨和晚上各燃烧2h。二是燃烧沼气产生的二氧化碳为日光温室补充二氧化碳气肥，促进蔬菜生长。

图4-25　沼气日光温室内点灯

二　沼渣与沼液的综合利用

1. 沼渣和沼液的成分

（1）沼渣和沼液富含的营养物质　沼渣和沼液含有丰富的养分，特别是含有多种水溶性养分，是一种速效性的优质肥料。因为沼渣和沼液中的一部分养分和有机质已转变为腐殖酸类物质，所以，它们又是一种速效和迟效兼备的优质有机肥料。由于发酵原料种类、配比和发酵条件的不同，沼渣和沼液的养分含量有一定的差异，一般沼渣和沼液的主要养分含量见表4-4。

表4-4　沼渣和沼液的主要养分含量

肥料种类	有机质	腐殖质	全　　氮	全　　磷	全　　钾
沼液	—	—	0.03%~0.08%	0.02%~0.06%	0.05%~0.10%
沼渣	30%~50%	10%~20%	0.8%~1.5%	0.4%~0.6%	0.6%~1.2%

畜禽养殖污染防治新技术

沼气发酵残留物除含有大量氮、磷、钾等常量元素外，还含有钙、铜、铁、锌、锰等多种微量元素，以及水解酶、氨基酸、有机酸、腐殖酸、生长素、赤霉素、B族维生素、细胞分裂素及某些抗生素等生物活性物质，如图4-26所示。

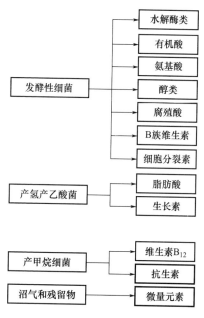

图4-26 厌氧发酵过程所产生的生物活性物质

（2）沼渣和沼液的特性　沼渣和沼液的特性如下：

1）沼渣。有机物质在厌氧发酵过程中，除了碳、氢、氧等元素逐步分解转化，最后生成甲烷、二氧化碳等气体外，其余各种养分元素基本都保留在发酵后的剩余物中，其中一部分水溶性物质保留在沼液中，另一部分不溶解或难分解的有机固形物、无机固形物保留在沼渣中，在沼渣的表面还吸附了大量的可溶性养分。所以，沼渣含有较全面的养分元素和丰富的有机物质，具有速缓兼备的肥效特点。又因为沼渣中的纤维素、木质素可以松土，腐殖酸有利于土壤微生物的活动和土壤团粒结构的形成，所以，沼渣具有良好的改良土壤的作用。

2）沼液。沼液中总固体含量小于1%。沼液与沼渣相比，虽然养分含量不高，但其养分主要是速效性养分。这是因为发酵物长期浸泡水中，一些可溶性养分自固相转入液相，提高了速效养分含量。

2. 沼渣和沼液在种植业上的应用

（1）沼渣和沼液用于作物施肥　沼渣基肥：每亩（1亩≈666.7m²）施用量为2000~2500kg，可直接撒于土壤表面，立即翻耕。沼渣直接施用，对当季作物有良好的增产效果；若连续施用，则能起到改良土壤、培肥地力的作用。

沼液追肥：每亩用量1000~1500kg，可以直接开沟挖穴浇灌作物根部周围并覆土。在浇灌条件较好的地方，可结合农田灌溉把沼液加入水中，随水均匀施入田间。

沼液叶面肥（见图4-27）：每亩喷施40~80kg，一般幼苗、嫩叶期1份沼液加1~2份清水，作物生长后期可不加水。沼液进行叶面喷施时要过滤，以免堵塞喷雾器。通过叶面喷施沼液可起到抑制或杀灭作物病虫害及提高作物抗逆性的效果。

图4-27　沼液作为叶面肥

沼液还可进行无土栽培（见彩图17）。

> ◐ **【提示】** 沼渣和沼液要取自正常产气1个月以上的沼气池，不能使用长期停用沼气池中的沼液。沼液叶面喷施，一般选择无风晴天的早晨或傍晚，不可在晴天中午气温高时喷施，喷施时应侧重于叶背面。

（2）沼渣和沼液改良土壤　土壤有机质含量是土壤肥力的重要标志。化肥用量增加会造成土壤板结、土地瘠薄及生产成本增加。利用沼渣和沼液改良土壤，可以实现畜禽粪便、作物秸秆等有机废弃物厌氧发酵后还田，增加土壤肥力，提高有机质含量，并可建立高产稳产农田。

> ⚠ 【注意】　沼渣和沼液无论做基肥还是追肥，要掌握好施用量，不能随意增施或少施；沼肥施入农田后要进行覆土，以免肥效流失；暂时用不完的沼肥，应及时存放在有盖的桶中或沼气池内。

（3）沼渣配置营养土　沼渣营养全面，来源广泛，成本低，并可满足蔬菜、花卉和特种作物的营养需要。配置营养土的沼渣要求腐熟度好、质地细腻，其用量一般为混合物总量的 20%～30%，物料配比一般为泥土 50%～60%，锯末 5%～10%，氮肥、磷肥、钾肥及其他微量元素、农药等 0.1%～0.2%。如果要压制成营养钵、快速花盆土等，在配料时应调节黏土、沙土、锯末的比例，使其具有适当的黏性，易于压制成形。

（4）沼液配制营养液　沼液要求取自正常产气 1 个月以上的沼气池出料间的中层清液，无粪臭味，深褐色。配制营养液时，根据蔬菜品质不同或对微量元素的需要可适当添加微量元素，并调节 pH 为 5.5～6.0。在栽培过程中，要定期更换沼液。利用沼液做无土栽培营养液，技术简单，效果好，易于推广。

（5）沼液浸种　浸种对作物发芽、成秧及栽种后的生长发育有着重要的作用，对作物收成有重要影响。传统的浸种是在清水中进行，为了防治病害，在清水中加入少量农药。沼液浸种较清水浸种有明显优势，它不仅可以提高种子的发芽率、成秧率，促进种子的生理代谢，提高秧苗素质，而且可以增强秧苗抗寒、抗病、抗逆能力，一般可增产 5%～10%。用于浸种的沼液要求是经过充分发酵后的沼液，无恶臭气味，为深褐色透明液体，其 pH 为 7.2～7.6。

3. 沼渣沼液在养殖业上的应用

（1）沼液喂猪　沼液中含有多种蛋白质、游离氨基酸、维生素、微量元素和活力较强的纤维素酶、蛋白酶等可溶性营养物质，易于消化吸收，能够满足牲畜的生长需要。添加沼液喂猪，一般从猪体重20kg以上开始添加，猪体重在40～70kg时增重效果最为理想。刚开始要掌握用量，应由少到多，随着猪的体重增加而增加，达到一定量时稳定下来；第一次饲喂时，为防止调口不食，应先饿1～2餐，以增加食欲，3～5天后即可适应。

（2）沼液养鱼　沼液作为淡水养殖的饵料，营养丰富，加快鱼池浮游生物的繁殖，耗氧量减少，使水质改善。沼液还可使水面保持茶褐色，易吸收光热，提高水温，加之沼液中性偏碱性，能使鱼池保持中性，这些有利因素能促进鱼类更好地生长。所以，沼肥是一种很好的养鱼营养饵料。

（3）沼渣养殖黄鳝　沼渣含有的较全面的养分和水中浮游生物生长繁殖所需要的营养物质，既可被黄鳝直接吞食，又能培养出大量的浮游生物，给黄鳝提供喜食的饵料。将沼渣与田里的稀泥各半混合好后均匀地铺在黄鳝养殖池内，厚度为0.5～0.6 m，作为黄鳝的基本饲料。7月下旬至8月前后，黄鳝陆续产卵孵化，食量渐增，应加喂饲料1个月左右，$1m^2$投放0.5kg沼渣。投沼渣后7～10天进行换水，以保持池内良好的水质和适当的溶氧量，防止缺氧。

（4）沼渣和沼液养殖泥鳅　将沼渣和田里的稀泥各一半混合好，在池内铺设20～30cm厚，并做一部分带斜坡的小土包。土包掺入带草的牛粪，土包上可以种点水草，作为泥鳅的基本饲料和活动场地。泥鳅苗饲养初期投喂蛋黄、鱼粉、米糠等，随后日投饵按泥鳅苗总重量的2%～5%投喂配合饵料和适量的沼液。沼液既可使泥鳅直接吞食，又可繁殖浮游生物，补充饵料。6～9月投饵量逐渐提高到10%左右，沼液也要适量增加。

（5）沼渣养殖蚯蚓　将出池的沼渣晾干，让氨气、沼气逸出。用70%的沼渣、20%的烂碎草、10%的树叶及烂瓜果皮拌土后上床，堆放厚度为20～25cm。刚出池的沼渣不能马上放入蚯蚓床喂蚯蚓，需要散开晾干后饲喂，以免引起蚯蚓缺氧死亡。用沼渣养殖的蚯蚓可用于喂鸡、鸭、猪、牛，不仅节约饲料，而且增重快，产蛋、产奶量高。蚯蚓不仅可作为畜禽饲料，还可以加工生产蚯蚓制品，用于食品、医药等各个领域。

4. 沼渣和沼液相关产品的开发

（1）利用沼渣生产颗粒有机肥 有机肥的产品标准是《有机肥料》（NY 525—2012），根据需求可以制定企业标准。主要指标要求：有机质≥45%，总养分≥5.0%，水分≤30%，pH 为 5.5~8.5。

沼渣生产商品有机肥的方式有自然晾干、烘干和好氧发酵三种。

（2）利用沼液生产高效液态肥 绿能生态环境科技有限公司研发出了沼液制备高值液体肥料生产线，工艺流程如图 4-28 和图 4-29 所示。此工艺生产出的商品获得了沼液肥料登记证，于 2013 年 8 月 20 日颁发，登记证号为农肥（2013）临字 7213 号。

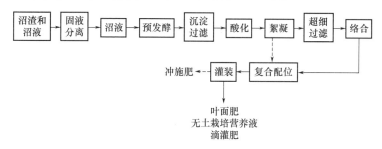

图 4-28　沼液液体肥工艺流程

图 4-29　沼液液体肥生产设备及产品

第五章

有机肥生产新技术

近年来，我国畜禽的存栏量一直呈现上升趋势，致使畜禽粪便的排放量也相应增加，如能将大部分畜禽粪便制成有机肥，经济效益将会显著提高。畜禽粪便生产有机肥在一定程度上缓解了目前越来越多的畜禽粪便造成的污染问题，改善了畜禽粪便堆积所散发的恶臭对空气的污染，抑制了蚊虫等滋生而引起的病原体传播，实现了畜禽粪便的无害化、减量化和资源化。

第一节 鸡场粪污有机肥生产新技术

鸡粪是鸡场的主要废弃物。由于鸡的消化道短，鸡采食的饲料在消化道内停留时间比较短，鸡消化吸收能力有限，所以，鸡粪中含有大量未被消化吸收、可被其他动植物所利用的营养成分，如粗蛋白质、粗脂肪、必需氨基酸和大量维生素等。同时，鸡粪也是多种病原菌和寄生虫卵的重要载体。科学地处理和利用鸡粪，不仅可以减少疾病的传播，还可以变废为宝，产生较好的社会、生态和经济效益。

一 粪污的收集

目前，鸡场的粪污收集技术主要包括三类，分别是即时清粪工艺、集中清粪工艺和生态处理工艺。

1. 即时清粪工艺

即时清粪大都采用机械清粪，投资大，舍内空气质量较好。常用的机械清粪有两类，即刮粪机清粪和履带式清粪。刮粪机清粪用于阶梯式笼养鸡舍及少数网上平养鸡舍。系统主要由控制器、电动机、减速器、刮板、钢丝绳等设备组成。履带式清粪用于叠层式笼养鸡清粪。系统由控制器、电机、履带等组成。一般都是几个设备配合使用，直接将粪便输送到运粪车上，如图5-1所示。

网上平养刮粪机清粪　　　　　　阶梯式饲养刮粪机清粪

叠层式饲养履带式清粪　　　　　履带式清粪(直接装车)

图5-1　即时清粪工艺

2. 集中清粪工艺

集中清粪工艺主要适用于高床单层笼养或高床网上平养的方式。机械设备投资较少，劳动效率高，但是鸡粪在舍内堆积发酵产生霉败臭气，影响鸡生长发育和正常产蛋。集中清粪工艺如图5-2所示。

3. 生态处理工艺

生态处理工艺主要有生态发酵床养殖和野外散养两类。生态发酵床养殖（见彩图18）是一种舍饲散养模式，是将菌种、米糠、锯末、玉米粉等按比例混合作为鸡舍的垫料，再利用鸡的翻扒习性使鸡粪、尿和垫料充分混合，通过垫料的分解发酵，使鸡粪、尿中的有机物质得到充分的分解和转化的养殖工艺。野外散养是利用林下昆虫或牧草等食物进行饲养的方式。

集中清粪(在建高床平养鸡舍)

集中清粪(高床平养)

鸡粪运输车

图 5-2　集中清粪工艺

生态养殖法的主要特点是：节水、节约饲料、患病少、肉质好。但发酵床饲养夏季温度太高，饲养密度小，占地多，不易维护。野外散养要注意轮牧，保持鸡、草、林之间食物供应及粪便消纳的生态平衡（见图 5-3）。

野外散养

生态发酵床

图 5-3　野外散养和生态发酵养殖对比

4. 不同粪污收集工艺的比较

1）即时清粪工艺适用于规模化养鸡场，此技术能够使鸡舍内保持较好的环境条件，但前期投资及维护耗电费用相对较高。

2）集中清理工艺适用于饲养期较短的肉鸡养殖场，此技术的人工、前期投资及维护耗电费用较低，但舍内环境质量较差，容易影响鸡的生长发育。

3）生态处理工艺适用于小规模饲养。与前两项工艺相比，此工艺具有投资少、耗电少的优点，能够使鸡舍内保持良好的环境条件，但此工艺需要较多的人工，并且维护费用要高于集中清粪工艺。

三种粪污收集工艺的优缺点比较明显，适用范围也各不相同，因此，在生产中可根据实际情况进行选择。

二 粪污的发酵技术

鸡粪处理的方式有多种形式，但最常见且最先进的处理工艺就是好氧发酵。发酵处理主要是利用生物技术结合先进的处理工艺对鸡粪进行有效处理，其目标是要尽可能地利用物料中的养分和能源，减少或消除环境污染物的排放，减少或消除对环境的二次污染。因此，其处理方法是在生物学原理基础上讲究工艺技术的合理性和科学性，以真正达到对鸡粪进行彻底处理的目的，并实现其资源化利用，生产高效有机肥。采用生物技术并结合先进的工艺技术进行发酵处理是近年来研究较多，应用较广泛且较有前景的一种鸡粪处理方法。它具有省燃料、成本低、发酵产物生物活性强、肥效高、易于推广的特点，同时可达到去臭、灭菌和杀毒的目的。

1. 槽式好氧发酵

槽式好氧发酵是处理鸡粪最有效的方法，它利用生物学特性结合先进的机械化技术和太阳能作用，在补充氧的条件下，利用自然微生物或接种微生物将鸡粪完全腐熟并将有机物转化为有机质、二氧化碳与水。槽式发酵一般在太阳能温室内进行，这种方法基本上综合了各种发酵方法的优点，发酵时间短，一般 7 ~ 15 天就能使畜禽粪便完全发酵，腐熟干燥时间为 20 ~ 30 天。发酵腐熟干燥过程比较容易控制，运行费用较低，能实现工厂化大规模生产，不受季节天气影响，对环境不造成污染。根据设备的形式不同，发酵槽的宽度一般为 6m，深度一般为 1m，长度一般在 60 ~ 100m 不等，可根据实际情况设计。它的优点在于槽的体积仅为厌氧池的十分之一，可充分利用生物能、机械能和太阳能，机械化程度高。

2. 条垛式堆肥化发酵

条垛式堆肥化发酵就是将物料铺开成行，在露天或棚架下堆放，每排物料堆宽 4～6m，高 2m 左右，条垛的长度可根据实际情况而定，物料堆下面可以装置相应的通气管道，也可不设通风装置。采用条垛式堆肥化发酵法处理鸡粪的特点是可以将物料的处理放置在离农田较近的地方，也可以不用专用的厂房，但要占用大量的土地，处理的时间也比较长，一般在 30 天以上，如果采用露天的方式，受天气季节影响较大。发酵过程中易产生恶臭气味，铵态氮等挥发特别严重，养分损失较大（氮的损失超过 3% 以上），肥效较低，因此，一般在远离居民居住的地方进行。这种方式也比较适合对城市垃圾进行处理，美国及欧洲一些国家比较容易接受这种方式，因为这些国家拥有大量的土地，人口密度较小，而且大部分都是农场农业的经营模式，采用这种模式可以不受土地限制，容易实现大规模的机械化作业。

3. 农户简易堆肥技术

农户自行堆肥技术只是简单地将原料进行长时间的堆置，很少进行通风和管理，是一种以厌氧发酵为主，结合好氧发酵过程的堆肥方式。农户自行堆肥方式与好氧堆肥相似，但堆内不设通气系统，堆温低，腐熟时间长，但堆肥简便、省工。一般堆肥封堆后一个月左右翻堆一次，以利于微生物活动，使堆料完全腐熟。

优点：有机废物处理量大，适用于分散处理；人工干预少；投资少，工艺简单。

缺点：发酵周期长，有机质转化率低，存在二次污染，占地面积大，受气候和天气影响大。

主要设备：铁锹、平板车、农膜、堆肥场地（槽）和小型翻堆机等。

菌剂：包括 HM 系列菌种腐熟剂、VT-1000 堆肥接种剂、速腐宝微生物腐熟剂、RW 酶素剂及一些专用功能性菌剂。

堆肥方法：选择地势较高、运输方便、靠近水源的地方，先整平夯实地面，再铺一层厚 10～15cm 的细草或泥炭，以吸收下渗液体；其上均匀铺上一层（厚20～30cm）铡短的秸秆、杂草等；然后加入畜粪尿（每1000kg原料加入畜粪尿200～300kg），撒少量草木灰或石灰；再盖一层（厚70～10cm）细土和鸡粪便。如此层层堆积到2m左右高度，表面用稀泥封好。1个月后翻堆一次，重新堆好，再用泥土封严。普通堆肥材料达到完全腐熟夏季约需2个月，冬季则需3～4个月。

三 鸡粪有机肥生产技术

1. 鸡粪有机肥生产方法

鸡粪生产有机肥最常见且最先进的技术是好氧发酵。发酵处理主要是利用生物技术结合先进的处理工艺对鸡粪进行有效处理，其目标是要尽可能地利用物料中的养分和能源，减少或消除环境污染物的排放，以及对环境的二次污染。主要方法为槽式好氧发酵和条垛式堆肥化发酵。

2. 鸡粪有机肥生产工艺介绍

目前，我国鸡粪有机肥生产主要采用槽式发酵技术。目前，较为成熟的技术是太阳能温室搅拌发酵干燥处理工艺，其主要是根据微生物学的特性，采用高效微生物菌群，科学运用太阳能温室集热保温作用，它充分满足了微生物发酵所需的温度条件。利用太阳能、生物能及机械能，使处理时间大大缩短，一般仅需7～15天就能使鸡粪发酵达到完全腐熟，腐熟干燥时间20～30天，同时能杀死畜禽粪便中的病原菌、病毒、虫卵、寄生虫及杂草种子等有害元素，去除了臭味，将有机物转变为利于植物吸收的营养物质，即高效生物有机肥，并且由于采用微生物发酵技术，发酵过程养分损失量较小，由此制成的有机肥具有很强的生物活性。

（1）生产技术设备　生产技术设备包括太阳能温室、铺粪机（投料机）、搅拌机、曝气系统等。太阳能温室内设有发酵干燥槽，槽长一般60～80m。

（2）太阳能浓缩发酵综合处理的特点　太阳能温室搅拌发酵干燥工艺是符合鸡粪通过有效微生物菌进行好氧发酵的最佳工艺。该工艺技术具有如下一些特点：

1）创造适宜的环境温度。适宜的环境温度是鸡粪在微生物菌群的作用下得以顺利发酵的重要因素，该工艺充分利用太阳能温室技术，因此具有极好的升温和保温效果，可充分满足有效微生物发酵所需的适宜环境温度。

2）提供足够的氧气。好氧发酵的好处是减少养分的损失，减少有害气体的挥发对环境的污染，加快发酵速度，因此，提供足够的氧气是发酵的关键之一。本系统在料槽的底部铺设有高压通风管道，可根据需要定时定量为物料发酵过程提供足够的氧气（空气）。

3）先进的搅拌发酵干燥装置。系统配备了槽式堆肥化搅拌发酵干燥设备，为了充分发挥好氧发酵及干燥的作用，料槽的深度设计为1m，料槽宽度为6m，料槽两侧设计专门的行走轨道，设备在轨道上行走。通过搅拌设备的搅拌、翻抛、破碎等作用，将物料缓慢向前推移，这种作用不仅可以很好地均衡物料、维持适宜的发酵温度，防止发酵温度过高导致氨等臭味气体的挥发，进而提高肥效，同时也将物料的水分向外蒸发，使物料干燥。

4）实现工厂化生产。由于采用的是太阳能温室结构，不但保证了适宜的发酵环境，大大缩短了发酵时间，而且不受季节变化的影响，一年四季都可以进行生产。生产规模也可以根据实际情况随意设计。

5）提高肥效。利用该工艺设备，发酵温度可控制在65℃以下，充分满足了微生物发酵所需的各种技术条件，大大降低了氮和碳的损失，发酵后，与相同原料的自然堆置发酵相比，NPK（氮、磷、钾所占含量）总养分含量提高15%~35%（注：按一般鲜鸡NPK总含量为8%左右计），速效养分含量平均提高20%~30%，有机质发酵腐熟率提高10%。

6）充分杀死有害元素。由于在整个发酵过程中使用高密度的有益菌，产生大量的有机酸，降低pH，产生不利于病原菌和有害菌生存的环境，使有益菌迅速繁殖；微生物在繁殖过程中产生50℃以上的高温，杀死有害微生物；有益菌通过诱导培育，产生耐高温性，一般有害微生物45℃时自动休眠或死亡，50℃以上高温5~10h基本死亡，如大肠杆菌、沙门氏菌等；无害化程度达 100%。对大多数家禽病毒，如禽流感病毒、新城疫病毒，在 56℃ 条件下经过 30min 或在 65℃ 条件下经过 3min 高温处理，所有病毒均被杀死。太阳能浓缩发酵方式温度一般控制在 60℃ 以下，经过 7～15 天的发酵处理，大量病毒都将被杀死。

（3）太阳能浓缩发酵综合处理的过程控制

1）发酵过程中水分的控制：水在畜禽粪便发酵过程中对有机物的分解和微生物的生长繁殖是不可缺少的。畜禽粪便中的水分可划分为附着水分、毛细管水分、溶胀水分、化学结合水分和间隙水分。发酵过程中水分的主要作用在于：①溶解有机物，参与微生物的新陈代谢；②水分蒸发时带走热量，起调节发酵温度的作用。原料水分的多少直接影响好氧堆肥化发酵反应速度的快慢，影响堆肥化发酵的质量，甚至关系到好氧堆肥化发酵工艺过程的成败。大量的研究结果表明，堆肥化发酵的极限含水率一般以 60%～65% 为好，而最合适的含水率则以 45%～55% 为好。若含水率超过 70%，温度难于上升，分解速度明显降低。同时，如果水分过多，使物质粒子之间充满水，有碍于通风，从而造成厌氧状态，不利于好氧微生物生长并产生硫化氢等恶臭气体。含水率低于 40% 不能满足微生物的生长需要，有机物难以分解。当然，水分还与发酵槽的深度有关，槽越深其要求的含水率就越低，因为过多的水分会导致物料密实和减少空气空隙，阻碍适量空气向物料内的输送。其含水率调节如下：

鲜鸡粪 Nt 含水率 $a\%$，要达到水分 50%，应添加秸秆粉、磷矿粉、钾肥及菌剂 Xt（总含水率 $b\%$）。按比例 $N:X$ 湿重混合。混合物的固体含量为：固体干物质 $= (1-a\%)N + (1-b\%)X$；水 $= a\% \times N + b\% \times X$。

因此，Nt 鲜鸡粪供料中混合物的总量为 $N+Xt$，混合物的水分含量为：$(a\% \times N + b\% \times X)/(N+X) = 0.50$（混合后含水率 50%，一般为 45%～55%）。

添加物的重量为：$X = (a-50)N/(50-b)$

总添加量 X 等于各添加物重量之和，即 $X = X_1 + X_2 + X_3 + X_4$，

其中，X_1 为秸秆粉用量。

> ⚠ **【注意】** 这里的添加物应考虑到酸碱度的调节，一般要加入一些碱性物质，如石灰粉。

2）发酵过程中碳氮比的控制：物料碳氮比的变化在发酵过程中有特殊意义。碳在微生物新陈代谢过程中约有 2/3 变成二氧化碳而被消耗掉，1/3 用于细胞质的合成。所以，碳被称为是细菌的能源。氮主要用于细胞原生质的合成。

在发酵过程中，有机物碳氮比对分解速度有重要影响。根据有关资料对微生物活动的平均计算结果，可知微生物每合成 1 份自身细胞体，要利用约 4 份碳素作为能量（以好氧有机营养形式释放到大气中）。以细菌为例，细菌的碳素比为（4~5）:1，而合成这样的自身细胞体还要利用 16~20 份碳素来提供合成作用的能量，故它们进行生长繁殖时，所需的碳氮比是（20~25）:1；而真菌的碳氮比约为 10:1，故发酵过程最佳碳氮比为（25~35）:1。若碳氮比超过40:1，可供消耗的碳元素过多，氮素养料相对缺乏，细菌和其他微生物的发展受到限制，有机物的分解速度就慢，发酵过程长。如果碳氮比更高，容易导致成品的碳氮比过高，这种堆肥施入土壤后，将夺取土壤中的氮素，使土壤陷入"氮饥饿"状态，影响作物生长。若碳氮比低于 20:1，可供消耗的碳素少，氮素养料相对过剩，则氮变成铵态氮而挥发，导致氮元素大量损失而降低肥效。

碳氮比配合简单计算如下：

鲜鸡粪 Nt 含水率 $a\%$，要达到碳氮比为（25~35）:1，应添加秸秆粉 Xt（总含水率 $b\%$）。干鸡粪含氮 3.2%，含碳约 50%；干秸秆粉含碳约 80%，含氮不计。

则有 $(1-a\%) \times 3.2\% N : [(1-a\%) \times 50\% N + (1-b\%) \times 80\% \times X] = 1 : (25~35)$。所以，$X \times a \geqslant 0.3(1-a\%)N/(1-b\%)$；$X \times b \leqslant 0.775(1-a\%)N/(1-b\%)$。

注：此添加量应与水分调节用量 X 相符合，即 $X_1 \leqslant X \leqslant X_2$。

3）发酵过程中温度的控制：对于太阳能发酵干燥系统而言，温度是影响微生物活动和发酵工艺过程的重要因素。发酵过程中微生物分解有机物而释放出热量，这些热量使物料温度上升。

发酵初期，物料基本上呈中温，嗜温菌较为活跃，大量繁殖。它们在利用有机物的过程中，有一部分转成热量，由于物料具有良好的保温作用，物料温度不断上升，3~4天后可达50~65℃。在这个温度下，嗜温菌受到抑制，甚至死亡，而嗜热菌的繁殖进入激发状态。嗜热菌的大量繁殖和温度的明显升高，使发酵直接由中温进入高温，并在高温范围内稳定一段时间。正是在这一温度范围内，畜禽粪便中的寄生虫和病原菌被杀死，腐殖质开始形成，畜禽粪便初步达到腐熟。在后发酵阶段，由于大部分的有机物已经被降解，因此，堆肥不再有新的能量积累，物料也一直维持在中温（30~40℃），这时物料进一步稳定，最后达到深度腐熟。

太阳能发酵干燥系统作为一种生物系统，与非生物反应系统有着本质的区别。对于非生物系统而言，反应的速度与温度有关，温度越高，反应的速度越快。然而，靠酶促进的生物化学反应，则只在某些限度上依靠温度，限度以外的反应则是弱的。当温度超过限值时，温度越高，反应的衰退变得更加迅速。这种温度的宏观影响主要是由于不同种类微生物的生长对温度具有不同的要求。根据各方面经验，嗜温菌最适宜温度是30~40℃，嗜热菌发酵最适宜温度为50~65℃。由于高温分解中分解速度要快，并且高温发酵又可将虫卵、寄生虫、病原菌、孢子等杀灭，故一般多采用高温发酵。在这样的高温下，一般堆肥只要5~6天即可达到无害化。过低的物料温度将大大延长堆肥达到腐熟的时间，而过高的温度（大于70℃）将对物料中微生物产生有害的影响。因此，高温堆肥时的温度最好在55~65℃。

在太阳能发酵干燥系统中，物料温度的控制过程一般是通过控制供氧量和向外排气来实现的。一般而言，在发酵初期的3~4天中，供气的主要目的是满足供氧，使生化反应顺利进行，以达到提高物料温度的目的。当发酵温度升到峰值以后，供氧量的调节主要以控制温度为主。在极限情况下，物料温度有可能上升至80~90℃，这将严重影响微生物的生长繁殖，因此，必须加大供气量，加大向外排气量，通过水分蒸发带走热量，使物料温度下降。在实际生产中，往往通过温度—供氧反馈系统来完成温度的自动控制。机械手段主要是通过发酵搅拌机的搅拌和开启排风机来控制温度。

4）发酵过程中通风供氧的控制：供气是好氧发酵成功的重要因素之一，其主要作用在于：①提供氧气，以参与微生物的发酵过程；②通过供气量的控制调节最适宜温度；③在维持最适宜温度的条件下，加大通风量以去除水分。然而，由于发酵过程中有机物分解的不确定性，难于根据畜禽粪便的含碳量变化确定需氧量。目前，一般是通过测定堆层中的氧浓度和耗氧速率来了解堆层发酵过程和需氧量，从而控制供气量。

> 【提示】 需氧量和耗氧速率是微生物活动强弱的宏观标志，它们的大小表征了微生物活动的强弱，反映了堆肥中有机物分解的程度。

根据有关研究及实验，在好氧发酵的通风供氧过程中，首先注意的必须是供氧的浓度。研究结果表明，堆肥过程中合适的氧含量应大于18%，最低浓度不能小于8%。氧含量一旦低于8%，氧就成为好氧堆肥中微生物生命活动的限制因素，并使堆肥容易产生厌氧条件而产生恶臭。太阳能采用的是强制通风方式，其目的除了供氧、去除水分外，更重要的是控制系统保持适宜的温度。根据耗氧速率，强制通风量一般为 $0.0089\,m^3/min$，而根据控制适宜温度，所需的通风量为 $0.0801\,m^3/min$。当然，这还得根据水分、温度等情况做适当调节。机械手段主要是通过空气压缩风机（罗茨风机，压力一般 $3000\,mmH_2O^\ominus$）由管路充气来控制供氧。对于采用翻抛设备的发酵工艺，强制通风量可以相应减少（或不用），一般按 $0.005\,m^3/min$ 即可。另外，发酵室通风应通畅，以便发酵室内的水汽及时排出，发酵室应设顶排风窗或安装风机强制排风。

（4）太阳能温室搅拌发酵干燥处理设备实例　2005年年底，大连韩伟集团在旅顺总部建设了鸡粪太阳能温室搅拌发酵干燥处理实验厂，该厂可日处理鲜鸡粪10t，处理周期约30天，最终含水率约为30%。主要设备有 80m×8m 太阳能温室2栋、搅拌机1台、铺粪

$\ominus$　$1mmH_2O = 9.807Pa$。

机1台、移行机1台、曝气系统和排风机等。

其工序为：采用连续搅拌发酵干燥处理工艺，首先将副料（主要是锯末，使用其他碳源物料更好）在入料端铺一层，然后再铺一层鸡粪，鸡粪上再铺一层副料，最后再铺一层鸡粪，即两层副料两层鸡粪，开启搅拌机在入料端来回搅拌2~3次；配料搅拌完成后进入发酵阶段，发酵期一般约为7天，温度达到50~65℃后不再升温即发酵结束，此阶段搅拌机1天搅拌1~3次（根据物料温度情况）；随着温度的降低，物料即进入腐熟干燥阶段，在此阶段搅拌机可定时多次运行，充分利用搅拌机的搅拌干燥功能。当物料由搅拌机推移到出料端时即处理完成，成品即为高效有机肥（粉状）。

第二节　猪场粪污有机肥生产新技术

规模化养殖是生猪产业的发展趋势和必然要求，但是，随着生猪养殖逐步向规模化发展，尤其是大型规模化养猪场的生猪饲养量大，在局部土地上易形成粪、尿和污水的大量聚集，如果处理不当或不及时，将对生态环境产生巨大的影响。

一　粪污的收集

目前，猪场粪污的收集技术主要包括水冲粪工艺、干清粪工艺、水泡粪工艺和生态发酵床工艺四类。

1. 水冲粪工艺（已淘汰）

水冲粪工艺是20世纪80年代中国从国外引进规模化养猪技术和管理方法时采用的主要清粪模式（见图5-4）。该工艺的主要目的是及时、有效地清除畜舍内的粪便、尿液，保持畜舍环境卫生，减少粪污清理过程中的劳动力投入，提高养殖场自动化管理水平。猪排放的粪、尿和污水混合进入粪沟，每天数次放水冲洗，粪水沿粪沟流入粪便主干沟或附近的集污池内，用排污泵经管道输送到粪污处理区。

优点：水冲粪方式可保持猪舍内的环境清洁，有利于动物健康；劳动强度小，劳动效率高，有利于养殖场工人健康，在劳动力缺乏的地区较为适用。缺点：耗水量大，一个万头养猪场每天需消耗200～250t 水。污染物浓度高，处理难度大，COD 为 11000～13000mg/L，BOD 为 5000～6000mg/L，悬浮物为 17000～20000mg/L。经固液分离出的固体部分养分含量低，肥料价值低。

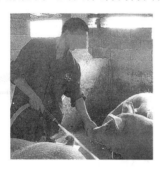

图 5-4　水冲粪工艺

2. 干清粪工艺

干清粪工艺的主要目的是及时、有效地清除畜舍内的粪便、尿液，保持畜舍环境卫生，充分利用劳动力资源丰富的优势，减少粪污清理过程中的用水、用电，保持固体粪便的营养物，提高有机肥肥效，降低后续粪、尿处理的成本。干清粪工艺的主要方法是，粪、尿一经产生便分流，干粪由机械或人工收集、清扫、运走，尿及冲洗水则从下水道流出，分别进行处理（见图 5-5）。

优点：人工清粪只需用一些清扫工具、人工清粪车等，设备简单，不用电力，一次性投资少，还可以做到粪、尿分离，便于后面的粪、尿处理。机械清粪可以减轻劳动强度，节约劳动力，提高工效。

缺点：人工清粪劳动量大，生产率低。机械清粪包括铲式清粪和刮板清粪，一次性投资较大，故障发生率较高，维护费用及运行费用较高。

3. 水泡粪工艺

水泡粪工艺是在水冲粪工艺的基础上改造而来的。工艺流程是在猪舍内的排粪沟中注入一定量的水，粪、尿冲洗和饲养管理用水一并排入漏粪地板下的粪沟中，储存一定时间后（一般为 1～2 个

实地面人工干清粪

全漏缝机械干清粪

半漏缝人工干清粪

全漏缝人工干清粪

图5-5　干清粪工艺

月），待粪沟装满后，打开出口的闸门，将沟中粪污排出，流入粪便主干沟或经过虹吸管道，进入地下储粪池或用泵抽吸到地面储粪池（见图5-6）。

水泡粪池

水泡粪猪舍建设

图5-6　水泡粪工艺

　　优点：可保持猪舍内的环境清洁，有利于动物健康；劳动强度小，劳动效率高，有利于养殖场工人健康；比水冲粪工艺节省用水。

　　缺点：由于粪便长时间在猪舍中停留，形成厌氧发酵，产生大量的有害气体，如硫化氢和甲烷等，恶化舍内空气环境，危及动物和饲养人员的健康，需要配套相应的通风设施。经固液分离后的污水处理难度大，固体部分养分含量低。

4. 生态发酵床工艺

生态发酵床养殖是指综合利用微生物学、生态学、发酵工程学、热力学原理，以活性功能微生物作为物质能量"转换中枢"的一种生态养殖模式。该技术的核心在于利用活性强大的有益功能微生物复合菌群，长期、持续和稳定地将动物粪、尿废弃物转化为有用物质与能量，同时实现将畜禽粪、尿完全降解的无污染、零排放目标，是当今国际上一种最新的生态环保型养殖模式（见图5-7）。

优点：节约清粪设备需要的水电费用，节约取暖费用，地面松软能够满足猪的拱食习惯，有利于猪的身心健康。缺点：粪便需要人工填埋，物料需要定期翻倒，劳动量大；温湿度不易控制；饲养密度小，使生产成本提高。不适于规模猪场。

发酵床猪舍　　　　　　　　　　　　零排放

图5-7　生态发酵床养殖工艺

5. 不同粪污收集工艺的比较

农户散养生猪的饲养量小，养殖粪污基本作为农户有机粪肥施用于农田、果园等，能较好实现粪污的资源化利用，对生态环境的危害性较小。规模化养猪场的饲养量大，易造成养殖粪污的局部聚集，处理不当将产生面源污染。而规模化养猪场清粪工艺既关系到资源的需求和消耗，又关系到粪污的后期处理，其对生态环境具有重要影响，同时也不能简单地根据各清粪工艺的优缺点来选择清粪方式。每个规模养殖场或某一养殖区域内应根据当地的资源环境条件、经济发展水平、劳动力资源状况及粪污处理方式等，综合考虑选择适宜规模养殖场或区域内使用的清粪工艺，以期实现生猪养殖和资源环境的协调发展，走资源节约型、环境友好型生猪产业可持续发展道路。

目前，国内外主要有以下几种猪粪的发酵处理方法：①堆肥还田，自然堆放或通过消毒后直接还田，占用场地大、投资小、产生二次污染；②沼气处理，用沼气来处理猪粪，占用场地大、沼渣处理较难，沼液可用于农田灌溉或果树的施肥；③大棚发酵，利用大棚的保温性能进行干燥处理，使用封闭的塑料大棚，发酵周期较长、占地面积大；④直火干燥，利用烟道气直接干燥后作为肥料，投资大、能耗高；⑤发酵干燥，通过无害化处理生产商品有机肥或食用菌基料，发酵干燥法具有脱水能力大、电耗小、煤耗低、环保效应好等特点。

根据猪粪的生化特点，在分析对比国内外已有成熟技术的基础上结合我国实际情况，笔者认为，宜采用固液分离、沼气处理、堆肥连续发酵和火力干燥相结合的无害化处理工艺，配备相应的机械设备，形成流水生产线，对猪粪进行固液分离、除臭、消毒灭菌和脱水干燥处理，并根据不同的用途进行资源化利用。

1. 工艺流程

通过固液分离、沼气处理、水分调节、发酵腐熟、干燥灭菌，消化利用大量猪粪、秸秆和食用菌渣，生产烟肥、商品有机肥、食用菌基料、干猪粪等产品，实现资源的循环利用（见图5-8）。

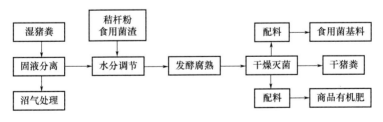

图5-8　猪粪无害化处理及资源化利用工艺流程

2. 固液分离

湿猪粪含水率高，不能直接进行发酵处理，需要将水分含量降到合适范围，选用高效固液分离机，除去湿猪粪中的部分废液，将湿猪粪的含水率降到72%左右，固液分离机采用重力脱水和挤压脱水相结合，分离湿猪粪中的水分和干物质，以便分别处理废液和干物质。湿猪粪从固液分离机的上部经过筛板流下，废液通过筛板的筛缝流出，干物质经过螺旋挤干进一步除去水分。

3. 沼气处理

从固液分离机分离出的废液含有大量的有机质，如果直接排放，会对环境产生污染，采用沼气发酵处理可将废液中的有机质转化成沼气，作为生活和生产的能源使用，使废物得到综合利用，同时解决废液的环境污染问题。

4. 水分调节

含水率太高会使发酵周期过长，在经过固液分离后的猪粪中混入干料，使其含水率降到60%以下，以利于发酵。根据用途不同，所掺干料可以是干猪粪、秸秆粉、粗糠、食用菌渣、泥炭等。为了降低劳动强度和生产成本，采用各种搅拌机进行混料，主要有卧式水泥搅拌机、立式搅拌机、高湿物料自卸式搅拌机等。前两种共同的缺点是密封性差，高湿物料自卸式搅拌机是一种专利产品（专利号：ZL200520035142.8），采用全密闭结构，避免臭气散发，自动上料和卸料，操作方便。

5. 连续好氧发酵

发酵系统由大棚、发酵槽、移动式翻抛机、进出料输送机等组成，发酵槽采用砖混结构，由长方形的池子构成。发酵系统采用塑料温室大棚结构，充分利用日光，节约能源，提高发酵速度，四周密封，两端设进出口。翻抛采用升降式移动翻抛机（专利产品，专利号：ZL200620035264.1），该机由行走机构、翻抛转子、升降机构组成。这种翻抛机安装在发酵槽的导轨上，行走速度可调。猪粪在发酵大棚内进行好氧发酵，通过机械翻抛，补充足够的空气，在微生物作用下通过高温发酵使有机物腐殖化和无害化而变成腐熟肥料。微生物分解有机物的过程中生成大量可被植物利用的有效态氮、磷、钾化合物，它是构成土壤肥力的重要活性物质。发酵槽、大棚的规格尺寸及翻抛机的规格型号根据养猪的规模来定，见表5-1。

表5-1 猪粪连续好氧发酵系统规格

养猪量/头	≤500	500~1000	1000~3000	3000~6000
发酵槽/m	70×3×0.6 （1槽）	80×3×0.6 （2槽）	80×3×0.6 （3槽）	100×3×0.6 （6槽）
发酵周期/天	20			
发酵大棚/m	70×3×2.5 （1槽）	80×3×2.5 （2槽）	80×3×3 （3槽）	100×3×3 （6槽）
翻抛机	FPJ1200-3000 （1台）	FPJ1200-3000 （1台）	FPJ2000-3000 （1台）	FPJ2000-3000 （1台）

6. 气流干燥系统

干燥系统由直火炉、破碎机、干燥塔、分离器、除尘除臭装置、风机等组成。猪粪在干燥过程中被快速搅拌、破碎，与热气流进行快速充分热交换，迅速脱去水分。干燥尾气在除尘除臭装置内进行除尘、除臭处理，达到净化的目的，气流干燥机的规格型号见表5-2。

表5-2 气流干燥机的规格

型　　号	9ZS0.2	9ZS0.5	9ZS1	9ZS2	9ZS4	9ZS8
处理能力/（t湿料/班）	0.5~1	1.5~2	3~4	6~8	12~16	25~30
生产量/（t干料/班）	0.2	0.5	1	2	4	8
原料含水率（%）	≤75					
干料含水率（%）	≤14					
干燥质量	无臭味，符合国家饲料卫生标准和有机肥质量标准					
电耗/（kW·h/t干料）	≤60					
煤耗/（kg标煤/t干料）	≤4400					
装机容量/kW	5	8	12.5	22	30	55

7. 消毒灭菌

通过高温发酵和干燥加热方式进行消毒灭菌，生产过程既要保证灭菌效果和干燥效率，又要保证营养成分损失小，干燥介质温度不能太高，宜采用快速气流干燥法。

三 猪粪有机肥生产技术

随着国家对环境保护治理的加强，社会对该行业的关注，国家循环经济政策的实施，规模化猪场粪污处理方式也在发生变化，从前主要是生态利用，猪粪直接还田，但是目前随着生物发酵技术的发展，利用猪粪生产生物有机肥成了一项新的措施。

1. 生产合格有机肥选择菌种应遵循的原则

1）能在廉价原料制成的培养基上迅速生长，并生成所需的代谢产物，并且产量要高。

2）可在易控培养条件下（糖浓度、温度、pH、溶解度、渗透压等）迅速生长和发酵，并且所需酶活力高。

3）生长速度和反应速度快，发酵周期短。

4）根据代谢控制要求，选择单产高的营养缺陷型菌株或调节突变菌株或野生菌株。

5）选择抗噬菌体能力强的菌株，使其不易感染噬菌体。

6）菌种纯粹，不易变异退化，以保证发酵生产和产品质量的稳定性。

7）菌种不是病原菌，不产生任何有害的生物活性物质和毒素（包括抗生素、激素、毒素等），以保证安全。

2. 菌剂的作用及其机理

菌剂加入猪粪中进行生物发酵，遵循能量流、物质流和基因流"三流循环理论"，在有氧条件下，微生物迅速繁殖，能强烈分解粪便中的有机物质，在高温微生物作用下，形成能量交换，使堆肥温度升至 $60 \sim 70℃$ ，可以杀死堆肥中的病菌、虫卵；产生矿物化和腐殖质化过程，释放出氮、磷、钾和微量元素等有效养分，进行物质交换；具有特殊作用的芽孢杆菌产生的非特异性免疫因子能抑制有害微生物活动和粪中腐败菌、致病菌的生长及腐败物质的分解；菌剂中的丝状真菌、光合菌吸收、分解恶臭和有害物质。最终，猪粪经过生物发酵后生成了无害、无臭、无病菌、无虫卵的高效优质生物有机肥。

3. 实现发酵并得到发酵产品应具备的条件

1）要有某种适宜的微生物菌种。

2）要保证或控制微生物进行代谢的各种条件（培养基组成、温度、溶解度、pH 等）。

3）要有微生物发酵的设备。

4）要有将菌种或代谢产物提取出来并精制成产品的方法和设备。

4. 有机肥发酵生产工艺流程

猪粪处理——→接种（加入菌剂）——→堆积发酵——→翻堆（翻板）——→继续发酵——→卸料——→后处理（晾干——→粉碎——→分筛去杂——→检测——→包装——→成品）——→生物有机肥。

5. 发酵条件和工艺参数

在生物发酵过程中控制和掌握以下条件和技术参数：

1）物料含水率为 60% ~70%。

2）加入无害化菌剂 0.3% ~0.5%（数据可据实际情况调节）。

3）添加物 5% ~10%（数据可据实际情况调节）。

4）混合物堆积厚 30 ~40cm。

5）发酵始温约 40℃，高温 60 ~70℃。

6）pH 为 6.0 左右。

7）混合物料碳氮比小于 25。

8）好氧条件。

9）发酵时间，地面堆积常温发酵 10 ~15 天，塔式构架发酵 6 ~8 天。

10）发酵后产物水分 20% 左右。

6. 猪粪工厂化有机肥处理技术中发酵因素及调控技术

影响发酵的主要环境因素有温度、水分、碳氮比和 pH。在工厂化发酵中，通过人为调控，为好氧微生物活动创造适宜的环境，促进发酵的快速进行。具体各条件下的影响如下：

（1）温度影响　温度是显示好气发酵中微生物活动程度的重要指标，高温的产生标志发酵过程运转良好。工厂化发酵要求周期短，一般为 8 ~20 天。通常采用翻料和强制通风的方法来改善供氧状态，促使前期物料快速升温和维持中期 60 ~ 70℃ 的高温。猪粪的不良物理性状是影响发酵升温的主要障碍，必加入高碳氮比和含水率低的有机物予以改善。

（2）湿度影响 水分是微生物活动不可缺少的重要因素。在好氧发酵工艺中，物料适宜的含水率为 60% ~ 70%。物料含水过高或过低都影响好气微生物活动，发酵前应进行水分调节。物料含水率小于 60%，升温慢，温度低，腐解程度差；大于 70%，影响通气，形成厌氧发酵，升温慢，腐解程度也差。鲜粪一般含水量较高，降低含水量的方法是掺和低含水率的有机物料，如糠壳、泥炭、锯末、秸秆等。这些辅料还促进水分的散失。

（3）碳氮比影响 碳氮比是微生物活动的重要营养条件，通常微生物繁殖要求的适宜碳氮比为 20 ~ 30。猪粪碳氮比平均为 14。单纯猪粪不利于发酵，需要掺和高碳氮比的物料进行调节。上述调节含水率的物料都具有高碳氮比，也是良好的碳氮比掺合料。

（4）pH 影响 pH 对微生物活动和氮素的保存有重要的影响。畜禽粪工厂化发酵是好氧发酵，有大量铵态氮生成，使 pH 升高，发酵全过程均处于碱性环境，高 pH 环境的不利影响主要是增加氮素损失。可以加入稻草、锯末、谷糠等辅料促进氮的生物固定，并降低主料中氮在发酵过程中的矿化率，减少铵态氮的挥发损失（见表 5-3）。

表 5-3　猪粪发酵后组成成分的变化

名　　　称	水分（%）	有机质（%）	N(%)	P_2O_5（%）	K_2O（%）	pH	活菌数/（亿/g）
新鲜猪粪	80.1	15.8	0.69	0.48	0.51	7.0	—
生物有机肥	16.8	33.6	2.76	5.9	5.9	7.3	1.5
有机无机复混肥	15.3	18.6	8.51	4.41	10.62	6.8	0.01

从表 5-3 可以看出，新鲜猪粪与其应用无害化菌剂发酵后的生物有机肥，两者组成成分有了显著的变化，经过微生物高温分解和热交换，水分大量失出，其含量减少 30% ~ 40%，有机质含量提升约 1 倍，氮素养分相对提升 1 ~ 4 倍，磷提升 2 ~ 8 倍，钾提升约 10

倍，pH 由中性变成微碱性，增加有益微生物 1.3 ~ 1.5 亿/g。所生产的生物有机—无机复混合肥的各项内容都达到国家规定的成分剂量指标。

因此，应用无害化活菌制剂处理猪粪，在多种有益微生物作用下进行生物发酵，经充分分解其中的有机质，释放出养分，所形成的生物热和高温发酵过程可杀死病菌、虫卵、除毒去臭、净化环境，生产形成高效优质生物有机肥和有机—无机复混合肥，通过无害化转化为资源化、产业化。

> 💡 【提示】 发酵后的生物有机肥具有改善土壤团粒结构、提高土壤肥力的作用，有利于提高农作物产量和品质，适用于绿色食品生产和"菜篮子"工程。

第三节　牛场粪污有机肥生产新技术

养牛生产过程中产生的粪便、污水等废弃物都会对空气、水、土壤、饲料等造成污染，危害环境，尤其是奶牛场每天产生大量富含有机质和富酸碱的污水。牛粪和污水通过土壤、水和大气的理化及生物作用，其中微生物可被杀死，并使各种有机物逐渐分解，变成植物可以吸收利用的状态；农牧结合，互相促进的处理办法，既处理了牛粪，又保护了环境，对维持农业生态系统平衡起着重要作用。

一　粪污的收集

我国新建的规模化牧场中，一栋牛舍的牛群数少则两百头，多则六百多头。随着牛舍的规模越来越大，各牧场期望寻求一种清洁、有效、经济的清粪方式的心理非常迫切，如何以较少的投资来维持牛舍的清洁卫生，保证奶牛健康，提高产奶量，正为越来越多的养殖者所重视。国内的奶牛场的清粪工艺目前还处于人工清粪、人工与机械清粪相结合的阶段。

1. 人工清粪工艺

特点：用铁锨、笤帚等工具将粪便收集成堆或直接装入小粪车，运到舍外集粪点或粪便处理场。国内拴系式的肉牛育肥场采取人工清粪相当普遍，由于人工清粪所用工具简单，操作方便，粪、尿分离彻底，在牛场规模较小及拴系饲养的条件下，仍具有一定的生命力。我国肉牛育肥场采用这种清粪方式的较多（见图5-9）。

图5-9　人工清粪牛场

2. 机械清粪工艺

特点：采用刮粪板将粪便刮进粪沟或储粪池，再运到粪污处理场或用铲车直接装车运出的清粪方式。舍外运动场的粪便清理常用机械清理。刮粪板多用于奶牛舍内使用。舍外多用铲车、刮板车等机械收集。此工艺的工作效率较高，设备投资大（见彩图19）。

3. 水泡粪工艺

特点：在牛床及牛通道区域设漏缝地板，让牛排出的粪、尿直接漏进下面的储粪池，当有粪便不能漏下时可采用刮粪板，在耕种时抽出直接施于农田或进行深度处理。

优点：地面相对较干，比较卫生，节约劳动力。

缺点：要有较多的土地相配套，基建投资较大。在土地多、劳力少的一些欧洲国家较多使用机械清粪工艺（见图5-10）。

4. 不同粪污收集工艺的比较

将人工清粪工艺、机械清粪工艺和水泡粪工艺三种牛粪污收集工艺进行比较，可以发现：

人工清粪具有投入低、维护费用和耗电低及粪污后处理难度低的优点，但需要较多的人工投入，主要适用对象为小牛养殖和拴系舍饲牛。

图 5-10　水泡粪工艺

机械清粪与人工清粪相比，需要较高的投入和维护费用，虽然节省了部分人工，但耗电量则相对较高，此技术适用于封闭式（大跨度）散养牛舍及运动场的粪污收集。

与前两种收集技术相比，水泡粪技术具有省工，维护费用低的特点，耗电量介于二者之间，但要求投入成本较高，并且粪污后处理较难，主要适用于封闭式散养牛舍的粪污收集工作。

二 粪污发酵技术

牛粪的发酵处理技术发展很快，包括采用好氧处理（氧化塘）、厌氧消化和高温发酵等途径。我国已具有一系列粪污处理综合系统，如粪污固液分离技术（包括前分离和后分离）、厌氧发酵生物技术、好氧曝气技术、沼气净化和利用技术、沼渣与沼液生产复合有机肥技术、生物氧化塘技术等。目前，牛粪的无害化处理及利用技术主要有腐熟堆肥处理、生产沼气并建立"草—牛—沼"生态系统，综合利用等。

1. 腐熟堆肥处理

牛粪中富含粗纤维、粗脂肪、粗蛋白、无氮浸出物等有机成分，这些物质与秸秆、杂草等有机物混合、堆积，将相对湿度控制在70%左右，创造一个好气发酵的环境，微生物就会大量繁殖，有机物被分解、转化为无臭、完全腐熟的活性有机肥。为了提高堆肥的肥效价值，堆肥过程中可以根据花卉、瓜果、苗木等植物在不同生长阶段对营养素的特定要求，拌入一定量的无机肥及各种肥料添加剂，使这些添加物经过堆肥处理后变成吸收利用率较高的有机复合肥。堆肥过程中形成的特殊理化环境（温度高达50～70℃）可杀灭粪中的有害病菌、寄生虫卵及杂草种子，达到资源化、无害化、减量化的处理目的；同时，解决了畜牧场因粪便所产生的环境污染。

目前，牛粪的堆肥腐熟处理应用越来越广泛，主要设备包括发酵罐（滚筒、池、塔）与腐熟后物料的干燥、粉碎、过筛、装袋等成套设备。腐熟判定指标主要包括：

（1）物理评判标准　牛粪发酵后，堆体体积减小1/3～1/2，发酵温度降到39℃以下，发酵产物质地均匀，具有疏松的颗粒结构，无论含水量多少，产物不结块，颜色呈棕褐色，没有腐败变质的酸臭味。

（2）化学评判标准　发酵产物的pH为7.0～8.5，水溶性有机物小于或等于2.2g/L，水溶性糖大于或等于0.1%，腐殖化程度大于或等于60%，胡敏酸含量大于或等于50%，生物可降解指数小于或等于2.0，氮、磷、钾总有效养分大于或等于3.6%，有机质大于或等于22%。

（3）生物评判标准　植物发芽指数达80%～85%，发酵成熟时放线菌成为优势菌群。

2. 生产沼气

牛粪在35～55℃的厌氧条件下经甲烷菌等微生物降解产生沼气，同时可杀灭粪水中大肠杆菌、蠕虫卵等。沼气可用来供热、发电，发酵的残渣又可作为肥料，因而生产沼气既能合理利用牛粪，又能防止环境污染，是规模化养牛场综合利用粪污的一种最好形式。

（1）产生沼气的原理　沼气的产生是一个复杂的生物化学过程，在发酵的初期，粪和尿中的有机质被沼气池中的好氧性微生物分解，在氧气不足的环境中厌氧性微生物开始活动，其过程可分为三个阶段：第一阶段为水解阶段，即好氧性微生物把不溶于水的脂肪、蛋白质、碳水化合物转化成易溶解的单糖、低级脂肪酸、氨基酸及肽；第二阶段为酸解消化阶段，即产酸细菌将部分有机化合物分解成简单的有机酸，如乙酸、丁酸、氨气、二氧化碳、乙醇、氢气，氢气和醇能使二氧化碳还原成甲烷；第三阶段为沼气和二氧化碳生成阶段，即在厌氧条件下，甲烷菌分解有机质，产生沼气和二氧化碳，大约有60%的碳素转化为沼气后从水中冒出，积累到一定程度后产生压力，通过管道即可使用。

（2）沼气产生的条件　产生条件包括：

1）良好的厌氧环境：沼气池壁必须严格密封，不透气，不漏水。

2）原料充足，水分适量：粪污不能过稀或过浓，通常干物质与水的比例以1：10为宜。

3）合理的碳氮比：细菌对碳素和氮素的需要量有一定的比例，碳氮比一般以25：1为宜。

4）适当的温度：甲烷菌生存的温度范围为8~70℃，并对温度的变化很敏感，一般在32~34℃内繁殖最快，产气量最多。

5）适宜的酸碱度：甲烷菌适宜在中性或微碱性环境中生长繁殖。pH为7~8时，甲烷菌生长正常，过酸或过碱时会抑制甲烷菌生长。发酵液过酸时，可加入石灰或草木灰等碱性物质；pH在8以上时，可投入适量鲜草、菜叶、树叶、水加以调节。

（3）沼气池的类型　沼气池按形状可分为圆柱形、长方形、球形等，其结构主要由进料池、发酵池、贮气池、出料池、使用池、导气管六部分组成。沼气池通常建于地下。

3. 污水的处理与利用

养牛业的高速发展及生产效率的提高使养牛场产生的污水量大大增加，这些污水中含有许多腐败有机物，也常带有病原体，若不妥善处理，就会污染水源、土壤等环境，并传播疾病。养牛场污水处理的基本方法有物理处理法、化学处理法和生物处理法，这三种处理方法单独使用时均无法把养牛场高浓度的污水处理好，所以应采用综合系统处理。

（1）物理处理法　物理处理法是利用物理作用将污水中的有机污染物质、悬浮物、油类及其他固体物分离出来，常用的方法有固液分离法、沉淀法、过滤法等。

1）固液分离法。固液分离法是将牛舍内粪便清扫后堆好，再用水冲洗，这样既可减少用水量，又能减少污水中的化学耗氧量，给后段污水处理减少许多麻烦。

2）沉淀法。沉淀法是利用污水中部分悬浮固体密度大于 1 的原理使其在重力作用下自然下沉，与污水分离。

3）过滤法。过滤法主要是让污水通过带有孔隙的过滤器而变得澄清的过程。养牛场污水过滤时一般先通过格栅，用以清除漂浮物，如草末、大的粪团等，之后污水进入滤池。

（2）化学处理法　向污水中加入某些化学物质，利用化学反应来分离、回收污水中的污染物质，或者将其转化为无害物质，处理污水中的溶解性或胶体性物质。

1）混凝沉淀。用三氯化铁、硫酸铝、硫酸亚铁等混凝剂使污水中的悬浮物和胶体物质沉淀而达到净化目的。

2）化学消毒。各种消毒方法中，以次氯酸消毒法最经济有效。

（3）生物处理法　生物处理法是利用微生物的作用来分解污水中的有机物的方法，净化污水的微生物大多是细菌，此外还有真菌、藻类、原生动物等。生物处理法主要有氧化塘、活性污泥法、人工湿地处理。

1）氧化塘。氧化塘也称生物塘，是构造简单、易于维护的一种污水处理构筑物，可用于各种规模的牛场，塘内的有机物由好氧细菌进行氧化分解，所需的氧气由塘内藻类的光合作用及塘的再曝气提供。氧化塘处理污水时，一般以厌氧—兼性厌氧—好氧氧化塘串成多级的氧化塘，具有很高的脱氮除磷功能，可起到三级处理作用。

氧化塘的优点是土建投资少，可建造和利用天然的山塘、池塘，机械设备的能耗少，有利于废水综合作用。氧化塘的缺点是受土地条件的限制，也易受气温、光照等的直接影响，管理不当可滋生蚊蝇，散发臭味而污染环境。

2）活性污泥法。由无数细菌、真菌、原生动物和其他微生物与吸附的有机物、无机物组成的絮凝体称活性污泥，其表面有一层多糖类的黏质层，对污水中悬浮态和胶态有机颗粒有强烈的吸附和絮凝能力。在有氧时，其中的微生物可对有机物发生强烈的氧化和分解。传统的活性污泥需建初级沉淀池、曝气池和二级沉淀池，即污水→初级沉淀池→曝气池→一级沉淀池→出水，沉淀下来的污泥一部分回流入曝气池，剩余的进行脱水干化。

3）人工湿地处理。天然湿地和人工湿地净化污物的研究起始于20世纪50年代。湿地是经精心设计建造的，粪污慢慢地流过人工湿地，通过人工湿地的微生物与水生植物的互生共利作用使污水得以净化。该处理模式与其他粪污处理设施比较，具有投资少和维护保养简单的优点。水生植物根系发达，为微生物提供了良好的生存场所。微生物以有机质为食而生存，它们排泄的物质又成为水生植物的养料。常见的水生植物有水葫芦、芦苇、香蒲属等挺水草本植物。某些植物，如芦苇和香蒲的空心茎还能将空气输送到根部，为需氧微生物的活动提供氧气。

4）生态工程处理。生态工程处理系统由沉淀池→氧化沟→漫流草地→鱼塘等组成。通过分离器或沉淀池将养牛场的粪污进行固体与液体分离，其中，固体作为有机肥还田或作为食用菌（如蘑菇等）培养基，液体进入沼气厌氧发酵池，通过微生物—植物—动物—菌藻的多层生态净化系统，使污水和污物得以净化。净化的水达到国家排放标准，可排放到江河，回归自然或直接回收用于冲刷牛舍等。

三 牛粪有机肥生产技术

养牛场粪污又是一种宝贵的饲料或肥料资源。粪便中含有大量的氮、磷等营养物质，通过加工处理可制成优质饲料或有机复合肥料，从能源和肥料角度初步测算，$19 \times 10^8 t$ 粪便相当于约 $0.7 \times 10^8 t$ 标煤或近 $1 \times 10^8 t$ 有机肥料，开发利用畜禽粪便不仅能变废为宝，解决农村用能问题，而且可减少环境污染，防止疫病蔓延，具有较高的社会效益和一定的经济效益，是保证我国农业可持续发展的重要资源。优质有机肥的生产依赖先进的生产工艺，包括原料好氧堆肥工艺和商品有机肥制肥工艺两大环节。

1. 原料好氧堆肥工艺

传统的堆肥为自然堆肥法，无须设备，但占地大、腐熟慢、品质差、效率低、劳动强度大、周围环境恶劣。现代好氧堆肥工艺是利用堆肥设备使牛粪等在有氧条件下利用好氧微生物作用达到稳定化、无害化，进而转变为优质肥的方法。比较而言，好氧堆肥工艺具有工艺简单、投资少、运行费用低的特点，能有效杀灭病原微生物，是一种安全、有效、经济的合理处理方式。

堆肥前应将牛粪原料进行一定预处理，从而满足水分、碳氮比等发酵条件。一般情况下，牛粪原料碳氮比为（19~23）：1，基本适合堆肥要求，但牛粪的水分状况差别则很大。规模饲养场牛粪的含水率高达60%~80%，堆肥前必须采取措施降低水分至50%~60%。牛粪中水分的调整建议采用回料掺混方式降低水分，即向高含水率的牛粪料堆中添加已经发酵好的低含水率的牛粪物料（含水率约为30%），两种干湿料混合后可有效降低总体堆肥原料的含水率。该预处理方式的优点是原料获取容易，处理成本低。如果鲜牛粪水分高达80%以上，降低水分的方式还可以采用牛粪固液分离等方法。

比较适宜的牛粪好氧堆肥工艺方式主要有以下两种：

（1）条垛式堆肥工艺　将含水率适宜的物料按照一定高度和宽度分层铺成条垛状，条垛平行排列在露天或室内的平坦的堆肥场上，最好采用高效率的专业翻堆机骑跨在料堆上连续翻堆作业。料堆截面形状为三角形或梯形：宽1.5~2.5m，高0.8~1.4m，长度50~150m（视堆肥场地的形状和尺寸来确定）。

该工艺特点：机械翻堆作业机动性强，采用条垛料堆利于堆肥后期的水分散失；对土建要求低，无须配套发酵槽，可在室外堆制，节省建筑投资；堆肥场地面积需要相对大一些；北方地区室外堆肥冬季保温性差，堆肥周期需要有所延长或季节性停止堆肥；雨季露天堆肥时，料堆易受影响，建议有条件的可以加盖遮雨棚。

条垛翻堆作业建议采用专业的翻堆机替代高强度人工翻堆或铲车翻堆。机械化高效连续翻堆作业可显著改善三角形或梯形料堆的通风供氧情况，从而加快物料发酵腐熟和去除水分。该翻堆机一般应具有破碎、搅拌、翻抛和堆垛功能，其结构特点表现为：翻抛滚筒可液压升降，便于调节地隙；滚筒螺旋叶片可拆卸，维修更换便捷；采用液压发动机驱动履带，附着力好，接地比压小，地面通过能力强；采用履带行走占地少，转弯灵活，可以原地掉头，提高物料堆放场地利用率。

（2）太阳能发酵槽式堆肥工艺　将含水率适宜的物料通过布料车或铲车铺放在太阳能堆肥车间发酵槽内。发酵槽的适宜高度为

1.0～1.3m，宽度为6m，长度为50～100m，可按照养牛场占地面积和地块形状来确定。该工艺特点：可以实现发酵槽一端进料另一端出料的连续式发酵工艺，也可以实现满槽式批次发酵工艺；采用强制性机械翻抛增氧和管路通风充氧曝气；太阳能堆肥车间具有极好的升温和保温效果及调控功能，一年四季都可以进行堆肥生产。考虑到牛粪的物料特性，为节省投资，南方地区也可以以遮雨棚替代太阳能堆肥车间。

太阳能槽式堆肥设备包括槽式翻抛机、布料机、移行机及太阳能发酵车间等。翻抛机工作幅宽以6m为宜，一般料层高度为0.8～1.2m。翻抛机可在发酵槽轨道上行走，边走边对物料进行翻抛、破碎和混合，促使物料快速发酵、升温，使料层内部的水分能够快速蒸发散失。翻抛机应能实现快速空驶移动，具有自动控制作业功能。翻抛机配套布料机和移行机可以显著提高作业效率。布料机可以将发酵原料均匀地分层铺撒在发酵槽内。移行机可将翻抛机和布料机从一个发酵槽移到另一个发酵槽轮流作业，提高设备的利用率。

根据牛粪原料的水分含量情况，可以选择上述一种堆肥工艺，也可以将两种堆肥工艺结合起来堆肥。例如，先将牛粪通过槽式堆肥方式完成高温堆肥，无害化后从发酵槽中移出物料至条垛堆肥场区，进行二次发酵陈化并进一步降低水分，促使有机养分进一步腐殖质化和矿质化，最终彻底陈化腐熟。两种工艺结合设备投资略增，但堆肥效率和品质有所提高。

2. 商品有机肥制肥工艺

堆肥后的牛粪实现了无害化和稳定化处理，达到了作为有机肥资源化利用的基本条件，但还没有达到进入市场商品化销售的程度，其应用效果和使用范围尚有一定的局限，因此有必要将堆肥物料通过后续的制肥工艺进一步加工成为具有商品性质的粉状或颗粒状的有机肥和有机—无机复混肥等产品。

堆肥产品总体养分偏低，只能作为一部分底肥使用，与现有的农艺种植习惯和作物需肥特性存在差异，所以，有必要将有机肥中加入一部分氮磷钾化肥制成商品有机—无机复混肥。有机—无机复混肥基于有机肥和无机肥的双重特性，即具有有机肥的肥效长、改良土壤、活化土壤中无机养分的特点，又具有无机肥料养分高、肥效快的特点，优势互补，弥补了各自缺陷，达到肥料速效与长效合一。因此，有机肥厂在规划设计时通常将有机—无机复混肥作为主导产品，兼顾生产有机肥产品。

> ● 【提示】 有机肥产品可以制成颗粒状，也可以制成粉状，这取决于市场需求。为了均衡养分，适合运输和储存，建议将有机—无机复混肥加工成颗粒状产品，颗粒形状有圆柱状、圆球状。

有机肥成品颗粒的含水率要求为：有机肥的含水率≤20%；有机—无机复混肥的含水率≤10%。

（1）商品有机肥制肥工艺流程　商品有机肥制肥工艺主要包括粉碎、配料、混合、制粒、烘干、冷却、筛分和打包等环节。单条生产线设备的生产能力以 1 ～ 10t/h 为宜，过小则达不到经济规模，过大则增加原料和成品运储难度。通常情况下可采用的工艺流程如图 5-11 所示。

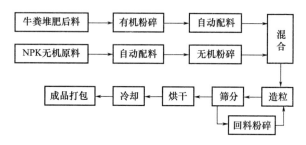

图 5-11　牛粪有机肥制肥工艺流程

（2）商品有机肥加工生产线设备　加工生产线设备包括：

1）配料粉碎混合系统。配料粉碎混合系统的作用是将堆肥后的物料和氮磷钾无机肥料及其他添加物等各种原料按一定比例进行粉碎、配比和混合。根据多年经验，设备配套建议如下：采用立式粉碎机粉碎牛粪堆肥物不易粘壁，不易堵塞，多层紊流链锤结构改善粉碎性能；采用连续式自动配料系统适合有机肥原料的动态计量及配料控制；混合作业配置双轴连续式混合机，密封性好，黏湿物料不易在搅拌轴根部黏附。

2）制粒成型系统。制粒成型系统的作用是将粉碎配料混合完备后的物料制成颗粒。制粒适宜采用平模制粒机，其优点是：原料适应性广，尤其适合有机物料，对原料密度、原料水分要求宽泛，原料不需要烘干；压辊直径大，模板可正反双面使用，物料均匀分布于压缩室内，造粒稳定，颗粒成型率高，成品颗粒外观均匀不易破碎；整个制粒成型过程不加水，节省后续颗粒烘干的成本；原料粉碎细度要求不高，制粒原料（堆肥后）一般不需要细粉碎，细小石子能直接碾碎，不易堵塞压盘模孔。

3）筛分及回料系统。从制粒成型系统输出的颗粒料，粒径有一定差异，需要筛分分级。选用的回转式筛分机要求振动小，噪声低，换筛方便，并且装有筛面清理装置。

建议配备自动回料系统，筛分不合格的大、小颗粒物料，经过传动带提升机输送出来，重新粉碎后返回制粒机继续造粒，这样有助于提高生产线的连续作业能力。

4）颗粒烘干系统。颗粒烘干系统的作用是将筛分后的颗粒进一步去除水分，达到有机肥含水率的标准要求。颗粒烘干一般采用高效率的滚筒式烘干机，烘干的同时改善颗粒成型。

5）颗粒冷却系统。颗粒冷却系统的作用是实现烘干后颗粒物料的冷却，有助于颗粒储存保质。从烘干机输出的热颗粒物料从上方进入到逆流冷却器内，干燥空气在冷却风机的作用下由冷却器的下部进入，与由上部落下的湿热颗粒进行充分的冷热交换。经过冷却后的颗粒温度与环境温度之差小于5℃。具有气动系统控制的摆动式翻板卸料机构，卸料速度可调，卸料均匀、流畅。与滚筒冷却机冷却有机肥相比，逆流冷却器的优点是占地少、价格低、冷却效果好。

6）成品打包系统。冷却后的颗粒物料经过斗式提升机输送进入成品仓内。颗粒物料通过自动打包称实现定量称量和包装。自动包装秤采用微计算机控制，可实现多量程的计量，具有称量精度高、自动夹包和缝包、自动去皮重和检测功能，其优点是人工打包所不能比拟的。

7）控制系统。整个生产线设备众多，为保证连续化生产正常有序，控制系统推荐采用中央控制室集中显示、集中控制和现场控制相结合的方式，在控制室里设置控制柜、带有模拟屏的操纵台和计算机系统，通过模拟屏可对设备实现启停操作，对于相距较远的制粒机等设备配备有现场控制柜，便于现场操作。通过计算机按配方实时控制配料混合系统，可动态监测设备运行状态，具有配方和批次的设置、修改、存储功能，具有各种不同物料和总产量的班、日、月报表生成和打印功能，方便生产管理。

第六章

病死畜禽无害化处理新技术

第一节 生物发酵池处理技术

生物发酵池技术是利用一定比例的稻壳、锯末、米糠、微生物菌种拌匀放入发酵池内，病死猪（本章以病死猪为例）在发酵池内被自然降解的方法。生物发酵法处理病死猪需要的基本条件是建设发酵池、遮雨棚，填充发酵原料。发酵原料 2~3 年更新一次，发酵池、遮雨棚可长时间使用。

一 生物发酵池的设计建造

发酵池可建在养猪场无害化处理区内，以地上建设为宜，处理池围墙四周留通气孔（见彩图 20 和图 6-1）。一般发酵池为深 1.5m、长度为宽度 2 倍的长方形砖混结构水泥池，墙宽 24cm，分别在墙体离地面 30cm 和 60cm 处留 12~15cm 的通气孔，左右孔间距以 50~100cm 为宜，内外墙皮用水泥抹平，池底不抹水泥，水泥池上方建彩钢瓦遮雨棚，高度 2m 左右，棚檐四周跨度要超出水泥池口 50~100cm 以上，防止雨水滴落池中，影响发酵处理，四周建设隔离围墙及通风窗，达到隔离防护的目的。

二 发酵原料的制作

选择无霉烂变质的锯末、稻壳、细米糠及发酵菌种，按 30∶60∶8∶2 的比例混合（菌种用量可按照使用说明调整），加水拌匀，

图 6-1 山东临沂新程金锣集团牧业公司处理病死猪尸体的发酵池

含水率控制在以手握成团不出水且松手即散为宜，放在池中发酵一周使用。

三 病死猪发酵处理

病死猪发酵处理工艺流程如图 6-2 所示。

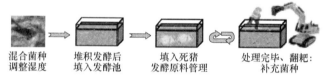

混合菌种　　堆积发酵后　　填入死猪　　处理完毕、翻耙：
调整湿度　　填入发酵池　　发酵原料管理　　补充菌种

图 6-2 病死猪发酵处理工艺流程

将病死猪装在事先准备好的塑料袋内，运至处理场，倒入处理池一侧，盖上事先备好的发酵原料，厚度不低于 30cm，顶面盖一层塑料薄膜即可发酵。一般死胎等软嫩尸体及母猪胎衣经 5~7 天发酵处理即可全部发酵分解，仔猪、育成猪需 10~15 天，肥猪、母猪和种公猪需20 天左右，尸体过大，可以肢解成 4~6 份，20kg 左右一块。

第二节 生物降解处理技术

一 高温生物降解处理技术

高温生物降解处理技术是指利用微生物可降解有机质的能力，

结合特定微生物耐高温的特点，将病死畜禽尸体及废弃物进行高温灭菌，生物降解成有机肥的技术。

1. 高温生物降解设施

利用有机废弃物处理机（见图6-3）对病死猪尸体进行分切、绞碎、发酵、杀菌、干燥，经过添加专用微生物菌，使其在处理过程中生产的水蒸气能自然挥发，无烟、无臭、环保，将有机废弃物成功转化为无害粉状有机原料，最终达到批量环保处理、循环经济，实现"源头减废，消除病原菌"的功效。

图6-3 有机废弃物处理机

2. 技术原理（见图6-4）

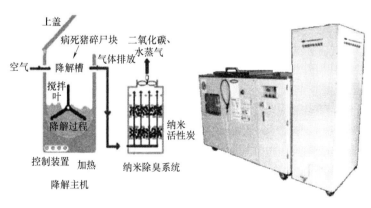

图6-4 高温生物降解处理技术原理

在密闭环境中，通过高温灭菌，配合好氧生物降解处理病害猪尸体及废弃物，转化、产生优质有机肥原料，进一步加工可制成优质有机肥料，达到灭菌、减量、环保和资源循环利用的目的。

3. 高温生物降解处理流程（见图6-5）

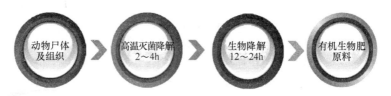

图6-5　高温生物降解处理流程

高温生物降解处理设备操作便捷，自动化程度高。运行时注意把好四个步骤：第一步是将处理物进行计重，然后放到设备罐内并按死亡动物总重量的25%添加辅料，之后关闭罐盖；第二步是选择自动启动按钮，设备开始对处理物进行降解；第三步是当被处理物温度达到140℃，操作2~4h进行降温，再加入降解菌，开始生物降解；第四步是操作24~48h后，将处理后产物卸出，对处理后的物料进行降解，便可作为有机肥料使用。

4. 效果评价

（1）优点　高温生物降解处理技术的优点：

1）处理后成品为富含氨基酸、微量元素等的高档有机肥，可用于农作物种植，实现资源循环。

2）设备占用场地小，选址灵活，可设于养殖场内。

3）工艺简单，病死畜禽无须人工切割、分离，可整只投入设备中，加入适量微生物、辅料后启动运行即可。处理物、产物均在设备中完成，实现全自动化操作，仅需24h，病死畜禽便可变成高档有机肥，用于果园、蔬菜等种植业方面，完全不留安全隐患。

4）处理过程无烟、无臭、无污水排放，符合绿色环保要求。

5）95℃高温处理，可完全杀灭所有有害病原体。

（2）缺点　设备投资成本稍高，约50万元/台，一次性投入较高，畜禽养殖户资金短缺，散养户可能无法购置使用，技术推广难度大。

二 堆肥法生物降解处理技术

堆肥发酵法是指利用堆肥原理和设施对病死畜禽进行生物发酵处理，即将动物尸体置于堆肥物料内部，通过微生物降解动物尸体并利用降解过程中产生的高温杀灭病原微生物。目前，动物尸体堆肥多采用静态堆肥和发酵仓堆肥。澳大利亚普遍采用这种方法。

1. 仓箱堆肥间的建设

仓箱堆肥间基本参照车库建设的方法，一般建成长 5 ~ 6m、宽 3m、墙体高 2m、顶棚高 3.5m 左右的长方形堆肥间，地面硬化，墙体为砖混结构，表面刷漆，墙体以上部分最好做成钢架结构，利于通风，南方地区务必考虑防雨，必须加盖顶棚。墙体上留出架设木头或支架的孔或墙，搭板架桥，方便由上到下倾倒木屑等垫料，便于工人操作（见彩图 21）。

仓箱堆肥间应依据地势建成进口高且出口低的模式，进口高方便将死猪拖曳至堆放处往下扔，出口低方便小型铲车或人员进出翻动或出肥。

建设点最好有水源或直接在仓箱内安装喷淋设备，方便喷水保持湿度。根据饲养量及死亡率估算建设间数，一般每间堆放病死猪（按平均 50kg/头计）250 头左右，考虑封存时间、周转等因素，一般每出栏 1000 头以内养猪场建 2 间以上，1000 ~ 3000 头养猪场建 3 间以上，3000 ~ 5000 头养猪场建 4 间以上，5000 头以上养猪场建 5 间以上，同时还必须建一间堆放木屑等填充料的仓库。选址最好在猪舍下风向，避开水源，不能选择低洼地带及有渗水处（见图 6-6）。

防雨的发酵棚中应做好防渗地平，并做好垫料预发酵。例如，采用米糠和鸡粪混匀，添加菌液并堆成小山状，3 ~ 6 天后垫料温度升到 50℃ 以上，即可作为无害化处理垫料使用。在发酵棚指定区域先铺设 10 ~ 15cm 发酵后的垫料，然后将剖检后的病死畜禽平铺在垫料上，再盖上 10 ~ 15cm 发酵后的垫料，确保尸体能够全部被覆盖（见图 6-7 和图 6-8）。该方法可将病死鸡处理与粪便处理、有机肥生产相结合。

为确保动物尸体能完全降解，通常在堆肥进入高温阶段一段时

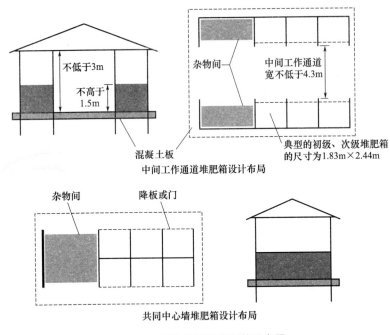

不低于3m

不高于1.5m

杂物间

中间工作通道宽不低于4.3m

混凝土板

典型的初级、次级堆肥箱的尺寸为1.83m×2.44m

中间工作通道堆肥箱设计布局

杂物间

降板或门

共同中心墙堆肥箱设计布局

图6-6　两种典型的堆肥单元布局

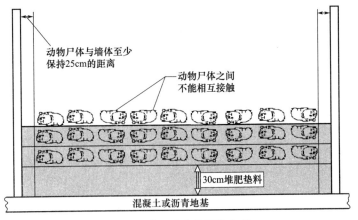

动物尸体与墙体至少保持25cm的距离

动物尸体之间不能相互接触

30cm堆肥垫料

混凝土或沥青地基

图6-7　病死畜禽的摆放方式

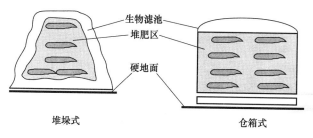

堆垛式 　　　　　　　　　　　　仓箱式

图6-8　堆肥发酵形式：堆垛式和仓箱式

间后进行翻堆，以保证通风供氧。在染疫动物体内病原微生物未被完全杀死前，翻堆可能导致病原微生物的扩散，另外，频繁翻堆会扰乱动物尸体周围菌群，干扰动物组织降解。此方法可用于养殖场或农户进行无害化处理畜禽尸体。

2. 堆肥法处理的原理

染疫动物尸体的堆肥法处理是动物尸体被大量养殖业废弃物等填充物所掩埋，微生物活动使堆体升温，在高温条件下杀灭大部分病原体并通过微生物的作用降解尸体组织的过程。动物尸体具有水和氮含量高、碳含量低、质地密度大的特点，与高碳氮比、低水含量、高孔隙率的填充物混合使堆体处于发酵的适宜条件。动物尸体堆肥一般分为三个阶段：第一阶段是动物尸体在分层放置的静态堆肥中杀灭病原微生物的过程；第二阶段中尸体软组织被完全降解；第三阶段是翻堆混匀进一步降解尸体的骨头等残留物质，形成稳定无害、有一定肥效价值的终产物的过程。

3. 操作运行

（1）选择填充料　由于木屑的空隙度及碳氮比较好，所有试点养猪场均使用木屑作为填充料。初期地面铺一层30cm厚的木屑，靠墙留30cm的空隙，尸体表面覆20cm以上木屑，之后病死猪的尸体在原基础上逐层堆积覆盖。20kg以下的猪和胎衣、死胎可一起堆放后覆盖，100kg以上的猪要留30cm以上间距排放，50kg以上的猪必须剖腹再覆盖。整个堆积高度一般不超过1.8m，否则造成底层缺氧。

> **【提示】** 日常管理中确保覆盖厚度。填充料覆盖太薄会导致臭气外扬，同时，苍蝇及其他昆虫易进入滋生蝇蛆。

（2）保持箱内湿度　堆肥箱内的相对湿度应保持在 40% ~ 60%，手捏木屑不成团也挤不出水分。干燥时在堆肥填充料表面喷洒一些水，水分含量不合适则堆肥效果就不理想。湿度不够达不到发酵所需温度，尸体分解速度慢，不能有效杀死病原微生物；湿度太高，易造成污水外流，增加臭味并滋生苍蝇。

（3）控制箱内温度　理想温度应控制在 37.7 ~ 65℃，要经常插入温度计测量发酵温度，正常温度为 50 ~ 65℃，过高要翻动，过低要覆盖新木屑。

（4）定期翻动　据资料介绍，封存熟化的堆肥有 50% 的填料可再次利用，堆肥期为 6 个月，3 个月左右机械翻动一次，引入新的氧气，效果更好。

4. 堆肥降解处理工艺流程（见图 6-9）

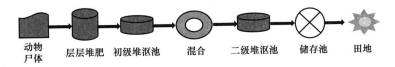

动物　　　层层堆肥　初级堆沤池　　混合　　二级堆沤池　储存池　　田地
尸体

图 6-9　堆肥降解处理工艺流程

5. 效果评价

堆肥能够灭活大部分病原微生物，但对抗逆性较强的微生物，如极端条件下也能生存的芽孢等主要起稀释和部分灭活作用。出于安全性考虑，我国尚无在大规模突发性动物疫情暴发时采用堆肥法处理染疫动物尸体的先例，因此，进一步研究中需阐明堆肥对该类微生物的灭活效果，评估其生物安全性，通过过程控制等方法实现完全的无害化处理。

此外，由于牛、猪等动物尸体体积庞大，堆肥过程使其完全降解往往需要数月甚至几年的时间，因此，可以在堆肥中接种特效微生物制剂以加速病原微生物的灭活、尸体的降解及堆体的腐熟。

堆肥法处理染疫动物尸体因具有经济环保、简单实用而又能资源化利用动物尸体和粪便的优势得到了越来越多的关注，应用前景广阔。我国颁布了多项堆肥法处理养殖业废弃物的政策与指导意见，但应用于染疫动物尸体处理的并不多。国家应鼓励养殖企业使用堆肥的方法，并制定相关标准和法规，以规范染疫动物尸体。

三　病死猪滚筒式生物降解模式

成都某公司根据国际死牲畜处理前沿理论，引进了各一套利用稻草、麦秆及玉米秸秆等材料作为垫料，通过微生物作用降解病死猪的技术装备。

1. 工艺流程

病死猪滚筒式生物降解模式采用了一个密闭的旋转桶作为基本构造。由投料口投入病死猪及秸秆等垫料原料，经过缓慢旋转滚筒，尸体与垫料充分混合，微生物迅速分解尸体。在电动机作用下滚筒旋转达到翻耙垫料的功能，风机外源送风，加速了微生物的耗氧发酵。尸体逐渐被分解，7～14天的生化及机械处理后，最后到达末端，只剩下骨头，垫料经过处理变成了无病原微生物的复合肥，从滚筒仓的另一端被筛离出来。

2. 建设结构

使用该模式需购置病死猪滚筒式生物降解专用设备，设备主要包括滚筒仓系统、通风系统和控制系统等。设备的生物工程和机械工程的降解处理过程均由计算机自动控制，无须人工操作（见彩图22和图6-10）。

图6-10　不锈钢滚筒式病死猪生物降解系统

3. 条件要求

处理能力：成都威泰科技有限公司提供长 6.8 ~ 20.0m 滚筒设备，其长度不同，处理量也不同，具体处理能力见表6-1。

表6-1　各型装备的处理能力

型　号	长度/m	年处理量/t	周处理量/kg	日处理量/kg	建议使用的猪场规模
BD－1－680	6.8	49.28	945	135	母猪 600 头/年＋育肥猪母猪 1400 头/年＋仔猪育肥猪 6250 头/年
BD－1－1000	10.0	78.48	1505	215	950 头/年母猪＋育肥猪 2200 头/年母猪＋仔猪 10000 头/年育肥猪
BD－1－1340	13.4	104.0	1995	285	11250 头/年母猪＋育肥猪 3000 头/年母猪＋仔猪 13000 头/年育肥猪
BD－1－1670	16.7	124.1	2380	340	1500 头/年母猪＋育肥猪 3500 头/年母猪＋仔猪 15000 头/年育肥猪
BD－1－1200	20.0	156.95	3010	430	1900 头/年母猪＋育肥猪 4500 头/年母猪＋仔猪 20000 头/年育肥猪

垫料储房区：分离出来的垫料可以制作有机肥或直接还田，也可根据垫料腐殖质化程度，如果腐殖质化不是很高，可重新作为碳源循环利用。要根据垫料处理方式设置一定空间的垫料储放区。

4. 效果评价

优点：一是该法能彻底地处理病死猪，处理效果能满足不同规模养猪场的需要，一般尸块分解成骨仅需 7~14 天；二是处理过程中添加了有益微生物菌种，处理效率显著提升；三是处理时产生大量生物热，平均温度 45℃ 以上，能杀灭病原微生物、虫卵和种子等；四是处理过程为耗氧反应，臭味小，不对土地和水源造成污染；五是采用全封闭滚筒发酵罐，避免了人畜接触，大大降低了疫病扩散的风险；六是全自动操作，工厂化作业，操作简便；七是垫料可重复利用。

缺点：一次性设备投入资金大。

适用范围：该方法因使用了封闭的滚筒式发酵罐，很好地解决了垫料翻耙、通风等问题，提高了微生物降解尸体的效率，适合大型规模猪场和病死猪集中处理采用。

四 病死猪高温生物无害化处理一体机

杭州某公司引进日本最新的病死畜禽处理技术和成套设备，病死猪高温生物无害化处理一体机实现了病死猪尸体处理的无害化和资源化利用。

高温生物无害化处理一体机法是指整合专用高效微生物与设备的分切、绞碎、发酵等功能，将畜禽尸体在一定容积的机器里快速降解处理为有机肥原料。无害化尸体处理机具有高效、操作简单、环保无污染的特点，处理过程一般包括分切、绞碎、发酵、杀菌和干燥五个步骤。

1. 工艺原理

病死猪高温生物无害化处理一体机模式实现了粉碎系统与有机物微加温生物降解过程的一体化设计，由自带的粉碎机将病死猪粉碎成尸体碎片，投入降解主机，主机内投入一定量的麸皮作为辅料，加入菌种，通过系统自动加热、搅拌叶搅动，使病死猪充分与辅料结合，实现病死猪的高效分解，生产所形成二氧化碳和水蒸气由专门排气口排出。尸体在搅拌过程中快速降解，36h 左右生成如肉松样的无害化蛋白质粉，可用作饲料或生产高档有机肥。具体的工艺原理如图 6-11 所示。

2. 建设结构

使用病死猪高温生物无害化处理一体机模式需要购置病死猪生

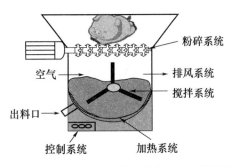

空气

粉碎系统

排风系统

搅拌系统

出料口

控制系统　加热系统

图 6-11　病死猪高温生物无害化处理工艺原理

物处理一体机，该机器主要包括粉碎系统、搅拌系统、通风系统、加热系统等，其生物工程和机械工程的降解处理过程均由计算机自动控制，无须人工操作。该工艺适合于每天动物尸体量较固定的单位，由于目前整套设备的价格比较高，故影响了推广应用。具体实景如图 6-12 所示。

a)　　　　　　　　　　　　b)

图 6-12　病死猪高温生物无害化处理一体机实景图

a）第二代机型　b）第三代机型

3. 条件要求

（1）能耗要求　目前，加百列公司能定做各种型号的病死畜禽生物处理一体机，市场上重点推广使用日处理 2t 和日处理 5t 的型号。

（2）分解环境要求　一是要保证温度辅助情况下，内部温度达到90℃以上，24~48h彻底分解处理完毕，所以使用的发酵菌种要能对病死猪有持续分解的活性或能力；二是可根据废弃垫料的使用来选择辅料，在日本等国家和地区多使用该技术生产蛋白质饲料，用于宠物等饲料生产，分解过程中一般按照处理物重量与麸皮重量9:1的比例填入麸皮辅料；三是分解过程中箱内相对湿度保持在40%~50%。

4. 效果评价

优点：一是操作简单，全天24h连续运作，可随时处理禽畜死体及农场有机废弃物。二是处理速度快，一般36h即可完全分解成粉末状，有效再生利用。三是采用高温灭菌，处理温度在90℃以上，可消灭所有病原菌。四是安全环保，处理过程中产生的水蒸气自然挥发，无烟、无臭、无污染、无排放，节能环保。

缺点：一次性设备投入资金大，运营费用较高。

适用范围：该模式因辅助加热系统等装备，大大提高了病死猪分解效率，占地面积小，取材方便，适合不同规模养猪场和病死猪集中处理场。

第三节　化尸池处理技术

化尸池就是一个无害化处理动物尸体的密闭容器，有干式和湿式。化尸池有的用化学剂，如烧碱之类制剂，有的用细菌发酵制成肥料（时间长些），通过投入、密封、化学或生物反应，最后达到灭杀的效果。

一　池址选择

化尸池地址应选择在养殖场下风处，地势较低处；池址的土质以透气、透水性较好的沙壤土较为理想，透气性好，不利于病原微生物的繁殖；干式化尸池地下水位线应低于池底，湿式化尸池可不考虑这些因素，雨季时地面径流不能淹到进料口，以保证池内外的彻底隔离。

二　化尸池的建设

池的构造分为池底、池身、弧形拱顶、进料口、防臭型投料口及锥形盖等部分；池的形状首选圆形，根据养殖场的地质情况及采用的处理方式，可建成干式化尸池（见图 6-13 和图 6-14），也可建成湿式化尸池（见图 6-15 和图 6-16）；化尸池的直径和高度根据容积要求及地理情况，结合施工实际情况及后续使用管理，应采取科学的比例。

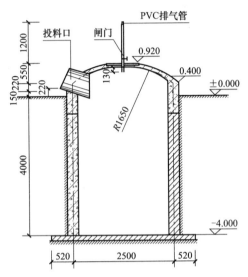

图 6-13 化尸窖处理工艺图（干式）（单位：cm）

图 6-14 埋于地下的化尸窖（干式）

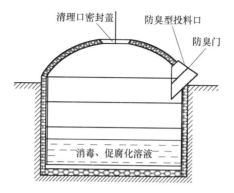

图6-15 化尸窖处理工艺图（湿式）

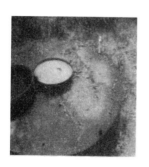

图6-16 埋于地下的化尸窖

化尸池是在养猪场建一个水泥池子，将猪的胎衣、胎盘、病死猪尸体丢到里面去，撒点石灰或烧碱，然后盖上盖子等待尸体自然腐烂。池子做成圆或方形，做法又有两种：一种是全部用水泥密封；另一种是只留底部不密封，让病死猪与土壤接触，尸体腐烂后渗入地底。

三 效果评价

优点：化尸池建造施工方便，建造成本低廉。

缺点：占用场地大，化尸池填满病死畜禽后需要重新建造；选择地点较局限，需耗费较大的人力进行搬运；灭菌效果不理想；造成地表环境、地下水资源的污染问题。

第四节 化制机处理技术

　　所谓化制法，就是将病畜用密封的尸体袋包装消毒后密封运至化制处，投入到专用湿化机或干化机中进行化制，化制后形成肥料、饲料、皮革等有用资源。通常进行化制的原料不仅仅局限于病死的牲畜，还包括从畜牧场、屠宰场、肉品或食品加工厂和传统市场产生的下脚料。

　　化制法是利用化制机，以高温高压的方式将病死猪彻底灭菌，然后经过烘干脱水、压榨脱脂、粉碎成粉等程序完全分解为油脂和骨肉粉末的一种方法。

一 工艺原理

　　化制分为干化和湿化两种（见彩图23）。

　　干化的原理：将废弃物放入化制机内受干热与压力的作用而达到化制的目的（热蒸汽不直接接触化制的肉尸，而循环于夹层中）。

　　湿化的原理：利用高压饱和蒸汽，直接与畜尸组织接触，当蒸汽遇到畜尸而凝结为水时，则放出大量热能，可使油脂溶化和蛋白质凝固，同时借助于高温与高压将病原体完全杀灭。

　　湿化机就是利用湿化原理将病害动物的尸体或病变部分利用高温进行杀菌的机器设备。经湿化机化制后的动物尸体可熬成工业用油，同时产生其他残渣。

二 化制工艺流程（见图6-17）

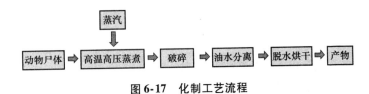

图6-17　化制工艺流程

一般情况下，将病死猪肉进行化制处理必须经过以下工序（见彩图24）：集中收集病死猪尸体，绞碎处理，高温蒸煮，翻炒，油骨分离，半成品与残渣处理，包装，出厂。病死猪化制机和化制车间如彩图24和图6-18所示。

图 6-18　化制车间

三　效果评价

优点：处理后成品可再次利用，化制法将禽畜回收减量和再利用，实现资源循环，创造高经济价值；化制法是处理病死牲畜尸体更为环保、更有经济价值的一种方法；有效减少死禽畜流入市场的风险，增强消费信心，创造高社会价值；高温高压可使油脂溶化和蛋白质凝固，杀灭病原体。

缺点：设备投资成本高；占用场地大，需单独设立车间或建场；化制产生废液污水，需要进行二次处理。

第五节　焚尸炉处理技术

焚烧法是一种高温热解处理技术，即以一定量的过量空气与被处理的病死猪在焚烧炉（见彩图25）内进行氧化燃烧反应，在800～1200℃的高温下氧化、热解而被破坏。

一 无害化焚尸炉工艺流程

无害化焚尸炉的基本工艺流程是（见图6-19）：人工或自动进料→焚尸炉本体→喷淋洗涤，烟气经高温烟气管或其他处理后排放，灰烬掩埋。

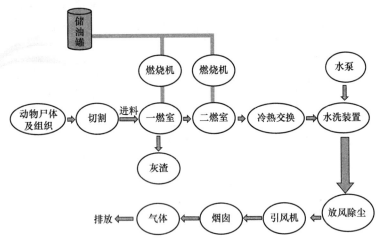

图 6-19　无害化焚尸炉工艺流程

二 设施建设与运行

选址应远离公共场所、居民住宅区、村庄、动物饲养和屠宰场所、建筑物、易燃物品，周围要有足够的防火带，并且要位于主导风向的下方。处理时要求焚烧完全，避免燃烧产生的废气对居民造成影响。无害化焚尸炉处理技术的相关设施设备一般造价在 1 万 ~ 2 万元，有条件的可利用沼气进行焚烧。

> ◆【提示】　在养殖业集中地区联合建立病死畜禽焚化处理厂进行集中处理、焚烧，是目前国内外比较先进的一种处理方法。对于确认为口蹄疫、瘟疫、炭疽、高致病性禽流感等严重危害人畜健康的病死畜禽尸体一般需采用焚烧法。

三 效果评价

优点：高温焚烧可消灭所有有害病原微生物。

缺点：需消耗大量能源，据了解，采用焚烧炉处理 200kg 的病死动物，至少需要燃烧 8L/h 的柴油；占用场地大，选择地点较局限，应远离居民区、建筑物、易燃物品，上面不能有电线、电话线，地下不能有自来水、燃气管道，周围有足够的防火带，位于主导风向的下方，避开公共视野；焚烧产生大气污染，包括灰尘、一氧化碳、氮氧化物、酸性气体等，需要进行二次处理，增加处理成本。

第六节　掩埋深坑处理技术

掩埋深坑深埋法（见图6-20和图6-21）是一种挖深坑掩埋病死猪的方法，坑深不得少于2m，坑底铺2~5cm厚的生石灰。将尸体放入，将污染的土层、捆尸体的绳索一起抛入坑内，然后再铺2~5cm厚的生石灰，用土覆盖，覆盖土层厚度不少于1.5m。尸体掩埋后与周围持平，填土不要太实。

图 6-20　深坑掩埋病死猪

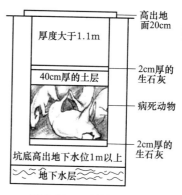

图 6-21　深坑掩埋方法

一 操作方法

将煮熟后的病死畜禽放入坑中，所堆积的病死畜禽距离坑口

第六章　病死畜禽无害化处理新技术

1.5m 处时，先用 40cm 厚的土层覆盖尸体，再铺上 2～5cm 厚的生石灰，最后填土夯实，并在地表喷洒消毒剂。生石灰或其他固体消毒剂不能直接覆盖在尸体上，因为在潮湿环境下熟石灰会减缓病死畜禽尸体的降解。

二 掩埋地选址

掩埋地应远离学校、公共场所、居民住宅区、村庄、动物饲养和屠宰场所、饮用水源地、河流等。掩埋深坑处理方法适用于地下水位低的地区，以防造成地下水污染。养殖场主要在生产区下风向的偏僻处进行深埋处理。

三 设施建设与运行

深埋法只需要挖深坑和投入生石灰，运行费用低。操作简易、经济，但占用土地，操作不当容易产生二次污染或产生其他问题。深埋后需要定期对深埋井进行检查，以便发现问题及时解决。

四 效果评价

优点：成本投入少，仅需购置或租用挖掘机。

缺点：占用场地大，选择地点较局限，应选择远离居民区、建筑物等偏远地段；处理程序较繁杂，需耗费较多的人力进行挖坑、掩埋、场地检查；使用的漂白粉、生石灰等消毒和灭菌的效果不理想，存在暴发疫情的安全隐患；造成地表环境、地下水资源的污染问题。

附　录

附录 A　养殖环境污染防治政策

1. 相关法律奠定养殖业污染防治法制基础

《中华人民共和国环境保护法》（2014）是我国畜禽养殖业污染防治法律法规最基本的法律依据。该法规定了各级政府应加强农业环境保护的责任，明确了产污企业需履行环境保护及污染防治的责任，对超标排放单位的处罚做出了明确规定。

《中华人民共和国大气污染防治法》（2016）第七十五条规定畜禽养殖场、养殖小区应当及时对污水、畜禽粪便和尸体等进行收集、储存、清运和无害化处理，防止排放恶臭气体。

《中华人民共和国农业法》（2013）第六十五条规定了从事畜禽等动物规模养殖的单位和个人应当对粪便、废水及其他废弃物进行无害化处理或者综合利用，从事水产养殖的单位和个人应当合理投饵、施肥、使用药物，防止造成环境污染和生态破坏。

《中华人民共和国固体废物污染环境防治法》（2015 修正）第二十条、第七十一条分别对规模畜禽养殖场粪便污染防治处理及环境污染处罚做出了明确规定，指出了畜禽规模养殖场造成环境污染的，可处以 5 万元以下的罚款。

《中华人民共和国畜牧法》（2015 修正）第三十九条明确规定了畜禽养殖场、养殖小区必须建设污染处理设施，第四十条对畜禽场或养殖小区的选址做出了明确规定，第四十六条对畜禽养殖场、养殖小区的污染处理设施运转及污染赔偿做出了明确的规定。该法是我国第一部对畜禽养殖污染防治做了详细规定的法律。

《中华人民共和国动物防疫法》（2015修正）第二十一条首次对染疫动物及其排泄物、染疫动物产品，病死或者死因不明的动物尸体，运载工具中的动物排泄物及垫料、包装物、容器等污染物无害化处理做出了规定。

《中华人民共和国水污染防治法》（2008）第四十九条对畜禽养殖场及养殖小区的废水及废弃物无害化及综合利用做出明确规定，第五十条明确了水产养殖应确定科学的养殖密度、合理使用饵料及药物等，以防止水产养殖造成环境污染。

《中华人民共和国循环经济促进法》（2008）第三十四条明确规定国家鼓励和支持综合利用畜禽粪便，开发利用沼气等生物质能源，首次将养殖业污染物综合利用明确地写入法律。

《中华人民共和国清洁生产促进法》（2012）第二十二条提出改进养殖技术，实现农产品的优质、无害和农业生产废弃物的资源化，防止农业环境污染的规定。

2. 规章文件为养殖业环境污染防治明确操作措施

为加强养殖业环境污染防治管理，有效解决养殖业造成的环境污染问题，我国先后制定并颁布了4项管理办法及条例等文件，有效促进了养殖业环境污染防治工作，特别是畜禽养殖业环境污染防治工作的开展。

2001年国家环境保护总局颁布的《畜禽养殖污染防治管理办法》对我国境内畜禽养殖场的污染防治提供了规章依据。该管理办法确定了养殖场污染防治原则，在养殖场的环境评价、选址、污染控制设施"三同时"（《畜禽养殖污染防治管理办法》第八条规定，畜禽养殖场污染防治设施必须与主体工程同时设计、同时施工、同时使用，畜禽废渣综合利用措施必须在畜禽养殖场投入运营同时予以落实），对排污申报登记、排放标准、排污许可证、排污费、超标准排污费、污染控制设施及措施、违法的法律责任等方面做出了具体的规定。

2010年，环境保护部组织制定了《畜禽养殖业污染防治技术政策》，从清洁养殖与废弃物收集，废弃物无害化处理与综合利用，畜禽养殖废水处理，畜禽养殖空气污染防治，畜禽养殖二次污染防治，鼓励开发应用的新技术，设施的建设、运行和监督管理7大方面，做出了畜禽养殖业在污染防治上如何从污染物产生源头进行减量化，污染物产生过程的减量化与处理等明确的规定，有效地指导了我国畜禽养殖业的环境污染防治工作，该政策的颁布标志着我国畜禽养殖环境污染防治工作取得了巨大进步。

2011年，国务院颁布《饲料及饲料添加剂管理条例》明确指出，饲料、饲料添加剂新产品审定和首次进口饲料、饲料添加剂等应提供产品的环境影响报告和污染防治措施，以此防治饲料及饲料添加剂的生产、引进造成的环境污染。

2012年，环境保护部会同农业部完成了《畜禽养殖污染防治条例（征求意见稿）》，确定了畜禽养殖场、养殖小区的养殖污染预防，污染物综合利用和治理，污染预防和治理激励措施及污染防治相关机构人员的法律责任。该条例首次将激励措施纳入政府文件当中。

不仅如此，为了加强规模养殖场污染排放与治理的监督管理，环境保护部（原环境保护总局）先后在《全国生态环境保护纲要》（2000）、《建设项目环境保护管理条例》（2002）、《关于加强农村生态环境保护工作的若干意见》（2004）、《关于加强农村环境保护工作的意见》（2007）、《关于实行"以奖促治"加快解决突出的农村环境问题实施方案》（2009）、《关于进一步加强农村环境保护工作的意见》（环发【2011】29号）中，对规模养殖场环境影响评价执行"三同时"制度，规模养殖场污水处理设施或畜禽粪便综合利用设施建设，畜禽养殖场分布区域选址，养殖废弃物的减量化、资源化、无害化处理，依据土地、水体承载能力确定养殖种类、数量，鼓励生态养殖场和养殖小区建设，实施"以奖促治"等方式促进畜禽养殖污染整治做出了更加详细的规定。

这些管理条例、文件规章的颁布使我国养殖业污染防治方法措施、监督管理制度体系不断完善，标志着我国养殖业环境污染防治工作得到了相关政府管理部门及企业的重视，促进了我国养殖业环境污染防治管理效率的提高。

3. 养殖业污染防治标准规范为污染防治管理提供技术支撑

除上述法律法规、管理条例、文件等对养殖污染防治做出明确规定外，我国也颁布了一些标准规范，为养殖业特别是畜禽养殖业环境污染防治提供了技术支持。例如，《粪便无害化卫生标准》（GB 7959—2012）对畜禽粪便的高温堆肥和沼气发酵的卫生标准做了相应规定；《畜禽养殖业污染物排放标准》（GB 18596—2001）对集约化的畜禽养殖场和养殖小区的布局，污染物控制项目，污染物的减量化、无害化和资源化，不同规模养殖小区水污染物、恶臭气体的最高允许日排放浓度、最高允许排放量，畜禽养殖业废渣无害化环境标准做了明确规定；《畜禽养殖业污染治理工程技术规范》（HJ 497—2009）以我国当前的污染物排放标准和污染控制技术为基础，规定了集约化和规模化畜禽养殖场（区）在新建、改建、扩建中的污染治理工程设计、施工、验收和运行维护的技术要求，并对集约化和规模化畜禽养殖场（区）污染治理工程的污染物与污染负荷、总体设计、工艺选择、废水处理、固体粪便处理、病死畜禽尸体处理与处置、恶臭控制、劳动安全与职业卫生、施工与验收、运行与维护等做了详细规定；国务院办公厅以国办发〔2014〕47号印发《关于建立病死畜禽无害化处理机制的意见》。2014年1月1日《畜禽规模养殖污染防治条例》颁布以来，畜禽废弃物的无害化处理已提升到各地畜牧、环保部门的议事议程。各地畜禽养殖部门采取不同方法有效处理了畜禽粪便等废弃物，许多地方规划了养殖区、限养区和禁养区。

4. 地方法规及管理办法等促进各地养殖业污染防治工作的开展

各地为了控制畜禽养殖污染，纷纷制定地方性法律法规及规章制度。例如，早在1995年，上海市就制定了《上海市畜禽污染防治暂行规定》，除了对污染防治原则、养殖场选址、畜禽粪便处理、排污口设置、排污许可证、排污收费、病死畜体处理等相关内容做了常规性规定外，还细化了排污标准。2004年，上海市人民政府为了规范畜禽养殖行为，防治畜禽养殖污染，又制定了《上海市畜禽养殖管理办法》，对大中型畜禽养殖场、小型畜禽养殖场和散养畜禽的农户实行分类管理，对畜禽养殖污染防治、污染排放的监督，以及违反养殖规定的法律责任等做了详细规定。2006 年，天津市制定了《天津市畜禽养殖管理办法》，内容涉及畜禽污染防治。2007 年，成都市制定了《成都市畜禽养殖管理办法》。2010 年，常德市制定了《常德市畜禽养殖管理办法》。2012 年，四川省发布《关于加强畜禽养殖业污染防治推进生态畜牧业发展的意见》（川环发【2012】14号），规定到 2015 年，生猪适度规模养殖比重达到 69.5%，出栏 500头以上的规模养殖场 80% 完成配套建设固体废物和废水储存处理设施，实施废弃物资源化利用，并提出构建利用畜禽粪污从事有机肥生产的生态畜牧业产业体系。此外，四川省还确定畜禽养殖业污染防治的主要任务包含提高规模化畜禽养殖场排泄物处理水平、严格执行环境影响评价和"三同时"制度、加强畜禽养殖环境保护长效监管等。2015 年，山东省制定了《山东省病死畜禽无害化处理工作实施方案》。

附录 B　畜禽养殖业污染防治技术规范

畜禽养殖业污染防治技术规范（HJ/T 81—2001）

前　言

随着我国集约化畜禽养殖业的迅速发展，养殖场及其周边环境问题日益突出，成为制约畜牧业进一步发展的主要因素之一。为防止环境污染，保障人、畜健康，促进畜牧业的可持续发展，依据《中华人民共和国环境保护法》等有关法律、法规制定本技术规范。

本技术规范规定了畜禽养殖场的选址要求、场区布局与清粪工艺、畜禽粪便储存、污水处理、固体粪肥的处理利用、饲料和饲养管理、病死畜禽尸体处理与处置、污染物监测等污染防治的基本技术要求。

本技术规范为首次制定。

本技术规范由国家环境保护总局自然生态保护司提出。

本技术规范由国家环境保护总局科技标准司归口。

本技术规范由北京师范大学环境科学研究所、国家环境保护总局南京环境科学研究所和中国农业大学资源与环境学院共同负责起草。

本技术规范由国家环境保护总局负责解释。

1. 主题内容

本技术规范规定了畜禽养殖场的选址要求、场区布局与清粪工艺、畜禽粪便储存、污水处理、固体粪肥的处理利用、饲料和饲养管理、病死畜禽尸体处理与处置、污染物监测等污染防治的基本技术要求。

2. 技术原则

2.1 畜禽养殖场的建设应坚持农牧结合、种养平衡的原则，根据本场区土地（包括与其他法人签约承诺消纳本场区产生粪便污水的土地）对畜禽粪便的消纳能力，确定新建畜禽养殖场的养殖规模。

2.2 对于无相应消纳土地的养殖场，必须配套建立具有相应加工（处理）能力的粪便污水处理设施或处理（置）机制。

2.3 畜禽养殖场的设置应符合区域污染物排放总量控制要求。

3. 选址要求

3.1 禁止在下列区域内建设畜禽养殖场：

3.1.1 生活饮用水水源保护区、风景名胜区、自然保护区的核心区及缓冲区。

3.1.2 城市和城镇居民区，包括文教科研区、医疗区、商业区、工业区、游览区等人口集中地区。

3.1.3 县级人民政府依法划定的禁养区域。

3.1.4 国家或地方法律、法规规定需特殊保护的其他区域。

3.2 新建、改建、扩建的畜禽养殖场选址应避开3.1规定的禁建区域，在禁建区域附近建设的，应设在3.1规定的禁建区域常年主导风向的下风向或侧风向处，场界与禁建区域边界的最小距离不得小于500m。

4. 场区布局与清粪工艺

4.1 新建、改建、扩建的畜禽养殖场应实现生产区、生活管理区的隔离，粪便污水处理设施和禽畜尸体焚烧炉应设在养殖场的生产区、生活管理区的常年主导风向的下风向或侧风向处。

4.2 养殖场的排水系统应实行雨水和污水收集输送系统分离，

畜禽养殖污染防治新技术

220

在场区内外设置的污水收集输送系统，不得采取明沟布设。

4.3 新建、改建、扩建的畜禽养殖场应采取干法清粪工艺，采取有效措施将粪及时、单独清出，不可与尿、污水混合排出，并将产生的粪渣及时运至储存或处理场所，实现日产日清。采用水冲粪、水泡粪湿法清粪工艺的养殖场，要逐步改为干法清粪工艺。

5. 畜禽粪便的储存

5.1 畜禽养殖场产生的畜禽粪便应设置专门的储存设施，其恶臭及污染物排放应符合《畜禽养殖业污染物排放标准》。

5.2 储存设施的位置必须远离各类功能地表水体（距离不得小于400m），并应设在养殖场生产及生活管理区的常年主导风向的下风向或侧风向处。

5.3 储存设施应采取有效的防渗处理工艺，防止畜禽粪便污染地下水。

5.4 对于种养结合的养殖场，畜禽粪便储存设施的总容积不得低于当地农林作物生产用肥的最大间隔时间内本养殖场所产生粪便的总量。

5.5 储设施应采取设置顶盖等防止降雨（水）进入的措施。

6. 污水的处理

6.1 畜禽养殖过程中产生的污水应坚持种养结合的原则，经无害化处理后尽量充分还田，实现污水资源化利用。

6.2 畜禽污水经治理后向环境中排放，应符合《畜禽养殖业污染物排放标准》的规定，有地方排放标准的应执行地方排放标准。

污水作为灌溉用水排入农田前，必须采取有效措施进行净化处理（包括机械的、物理的、化学的和生物学的），并须符合《农田灌溉水质标准》（GB 5084—1992）的要求。

6.2.1 在畜禽养殖场与还田利用的农田之间应建立有效的污水输送网络，通过车载或管道形式将处理（置）后的污水输送至农田，要加强管理，严格控制污水输送沿途的弃、撒和跑、冒、滴、漏。

6.2.2 畜禽养殖场污水排入农田前必须进行预处理（采用格栅、厌氧、沉淀等工艺、流程），并应配套设置田间储存池，以解决农田在非施肥期间的污水出路问题，田间储存池的总容积不得低于当地农林作物生产用肥的最大间隔时间内畜禽养殖场排放污水的总量。

6.3 对没有充足土地消纳污水的畜禽养殖场，可根据当地实际情况选用下列综合利用措施；

6.3.1 经过生物发酵后，可浓缩制成商品液体有机肥料。

6.3.2 进行沼气发酵，对沼渣、沼液应尽可能实现综合利用，同时要避免产生新的污染，沼渣及时清运至粪便储存场所；沼液尽可能进行还田利用，不能还田利用并需外排的要进行进一步净化处理，达到排放标准。

沼气发酵产物应符合《粪便无害化卫生标准》(GB 7959—1987)。

6.3.3 制取其他生物能源或进行其他类型的资源回收综合利用，要避免二次污染，并应符合《畜禽养殖业污染物排放标准》的规定。

6.4 污水的净化处理应根据养殖种养、养殖规模、清粪方式和当地的自然地理条件，选择合理、适用的污水净化处理工艺和技术路线，尽可能采用自然生物处理的方法，达到回用标准或排放标准。

6.5 污水的消毒处理提倡采用非氯化的消毒措施，要注意防止产生二次污染物。

7. 固体粪肥的处理利用

7.1 土地利用

7.1.1 畜禽粪便必须经过无害化处理，并且须符合《粪便无害化卫生标准》后，才能进行土地利用，禁止未经处理的畜禽粪便直接施入农田。

7.1.2 经过处理的粪便作为土地的肥料或土壤调节剂来满足作物生长的需要，其用量不能超过作物当年生长所需养分的需求量。

在确定粪肥的最佳使用量时需要对土壤肥力和粪肥肥效进行测试评价，并应符合当地环境容量的要求。

7.1.3 对高降雨区、坡地及沙质容易产生径流和渗透性较强的土壤，不适宜施用粪肥或粪肥使用量过高易使粪肥流失引起地表水或地下水污染时，应禁止或暂停使用粪肥。

7.2 对没有充足土地消纳利用粪肥的大中型畜禽养殖场和养殖

小区，应建立集中处理畜禽粪便的有机肥厂或处理（置）机制。

7.2.1 固体粪肥的堆制可采用高温好氧发酵或其他适用技术和方法，以杀死其中的病原菌和蛔虫卵，缩短堆制时间，实现无害化。

7.2.2 高温好氧堆制法分自然堆制发酵法和机械强化发酵法，可根据本场的具体情况选用。

8. 饲料和饲养管理

8.1 畜禽养殖饲料应采用合理配方，如理想蛋白质体系配等，提高蛋白质及其他营养的吸收效率，减少氮的排放量和粪的生产量。

8.2 提倡使用微生物制剂、酶制剂和植物提取液等活性物质，减少污染物排放和恶臭气体的产生。

8.3 养殖场场区、畜禽舍、器械等消毒应采用环境友好的消毒剂和消毒措施（包括紫外线、臭氧、过氧化氢等方法），防止产生氯代有机物及其他的二次污染物。

9. 病死畜禽尸体的处理与处置

9.1 病死畜禽尸体要及时处理，严禁随意丢弃，严禁出售或作为饲料再利用。

9.2 病死禽畜尸体处理应采用焚烧炉焚烧的方法，在养殖场比较集中盼地区，应集中设置焚烧设施，同时焚烧产生的烟气应采取有效的净化措施，防止烟尘、一氧化碳、恶臭等对周围大气环境的污染。

9.3 不具备焚烧条件的养殖场应设置两个以上安全填埋井，填埋井应为混凝土结构，深度大于2m，直径1m，井口加盖密封。进行填埋时，在每次投入畜禽尸体后，应覆盖一层厚度大于10cm的熟石灰，井填满后，须用黏土填埋压实并封口。

10. 畜禽养殖场排放污染物的监测

10.1 畜禽养殖场应安装水表，对用水实行计量管理。

10.2 畜禽养殖场每年应至少两次定期向当地环境保护行政主管部门报告污水处理设施和粪便处理设施的运行情况，提交排放污水、废气、恶臭及粪肥的无害化指标的监测报告。

10.3 对粪便污水处理设施的水质应定期进行监测，确保达标排放。

10.4 排污口应设置国家环境保护总局统一规定的排污口标志。

11. 其他

养殖场防疫、化验等产生的危险废水和固体废弃物应按国家的有关规定进行处理。

（国家环境保护总局 2001-12-19 发布 2002-04-01 实施）

附录C 畜禽规模养殖污染防治条例

第一章 总 则

第一条 为了防治畜禽养殖污染，推进畜禽养殖废弃物的综合利用和无害化处理，保护和改善环境，保障公众身体健康，促进畜牧业持续健康发展，制定本条例。

第二条 本条例适用于畜禽养殖场、养殖小区的养殖污染防治。

畜禽养殖场、养殖小区的规模标准根据畜牧业发展状况和畜禽养殖污染防治要求确定。

牧区放牧养殖污染防治，不适用本条例。

第三条 畜禽养殖污染防治，应当统筹考虑保护环境与促进畜牧业发展的需要，坚持预防为主、防治结合的原则，实行统筹规划、合理布局、综合利用、激励引导。

第四条 各级人民政府应当加强对畜禽养殖污染防治工作的组织领导，采取有效措施，加大资金投入，扶持畜禽养殖污染防治及畜禽养殖废弃物综合利用。

第五条 县级以上人民政府环境保护主管部门负责畜禽养殖污染防治的统一监督管理。

县级以上人民政府农牧主管部门负责畜禽养殖废弃物综合利用的指导和服务。

县级以上人民政府循环经济发展综合管理部门负责畜禽养殖循环经济工作的组织协调。

县级以上人民政府其他有关部门依照本条例规定和各自职责，负责畜禽养殖污染防治相关工作。

乡镇人民政府应当协助有关部门做好本行政区域的畜禽养殖污

染防治工作。

第六条　从事畜禽养殖及畜禽养殖废弃物综合利用和无害化处理活动，应当符合国家有关畜禽养殖污染防治的要求，并依法接受有关主管部门的监督检查。

第七条　国家鼓励和支持畜禽养殖污染防治及畜禽养殖废弃物综合利用和无害化处理的科学技术研究和装备研发。各级人民政府应当支持先进适用技术的推广，促进畜禽养殖污染防治水平的提高。

第八条　任何单位和个人对违反本条例规定的行为，有权向县级以上人民政府环境保护等有关部门举报。接到举报的部门应当及时调查处理。

对在畜禽养殖污染防治中做在突出贡献的单位和个人，按照国家有关规定给予表彰和奖励。

第二章　预　防

第九条　县级以上人民政府农牧主管部门编制畜牧业发展规划，报本级人民政府或者其授权的部门批准实施。畜牧业发展规划应当统筹考虑环境承载能力及畜禽养殖污染防治要求，合理布局，科学确定畜禽养殖的品种、规模、总量。

第十条　县级以上人民政府环境保护主管部门会同农牧主管部门编制畜禽养殖污染防治规划，报本级人民政府或者其授权的部门批准实施。畜禽养殖污染防治规划应当与畜牧业发展规划相衔接，统筹考虑畜禽养殖生产布局，明确畜禽养殖污染防治目标、任务、重点区域，明确污染治理重点设施建设，以及废弃物综合利用等污染防治措施。

第十一条　禁止在下列区域内建设畜禽养殖场、养殖小区：

（一）饮用水水源保护区，风景名胜区。

（二）自然保护区的核心区和缓冲区。

（三）城镇居民区、文化教育科学研究区等人口集中区域。

（四）法律、法规规定的其他禁止养殖区域。

第十二条　新建、改建、扩建畜禽养殖场、养殖小区，应当符合畜牧业发展规划、畜禽养殖污染防治规划，满足动物防疫条件，并进行环境影响评价。对环境可能造成重大影响的大型畜禽养殖场、養殖小区，应当编制环境影响报告书；其他畜禽养殖场、养殖小区应当填报环境影响登记表。大型畜禽养殖场、养殖小区的管理目录，由国务院环境保护主管部门商国务院农牧主管部门确定。

环境影响评价的重点应当包括：畜禽养殖产生的废弃物种类和数量，废弃物综合利用和无害化处理方案和措施，废弃物的消纳和处理情况及向环境直接排放的情况，最终可能对水体、土壤等环境和人体健康产生的影响及控制和减少影响的方案和措施等。

第十三条 畜禽养殖场、养殖小区应当根据养殖规模和污染防治需要，建设相应的畜禽粪便、污水与雨水分流设施，畜禽粪便、污水的储存设施，粪污厌氧消化和堆沤、有机肥加工、制取沼气、沼渣沼液分离和输送、污水处理、畜禽尸体处理等综合利用和无害化处理设施。已经委托他人对畜禽养殖废弃物代为综合利用和无害化处理的，可以不自行建设综合利用和无害化处理设施。

未建设污染防治配套设施、自行建设的配套设施不合格，或者未委托他人对畜禽养殖废弃物进行综合利用和无害化处理的，畜禽养殖场、养殖小区不得投入生产或者使用。

畜禽养殖场、养殖小区自行建设污染防治配套设施的，应当确保其正常运行。

第十四条 从事畜禽养殖活动，应当采取科学的饲养方式和废弃物处理工艺等有效措施，减少畜禽养殖废弃物的产生量和向环境的排放量。

第三章 综合利用与治理

第十五条 国家鼓励和支持采取粪肥还田、制取沼气、制造有机肥等方法，对畜禽养殖废弃物进行综合利用。

第十六条 国家鼓励和支持采取种植和养殖相结合的方式消纳利用畜禽养殖废弃物，促进畜禽粪便、污水等废弃物就地就近利用。

第十七条 国家鼓励和支持沼气制取、有机肥生产等废弃物综合利用及沼渣沼液输送和施用、沼气发电等相关配套设施建设。

第十八条 将畜禽粪便、污水、沼渣、沼液等用作肥料的，应当与土地的消纳能力相适应，并采取有效措施，消除可能引起传染病的微生物，防止污染环境和传播疫病。

第十九条　从事畜禽养殖活动和畜禽养殖废弃物处理活动，应当及时对畜禽粪便、畜禽尸体、污水等进行收集、储存、清运，防止恶臭和畜禽养殖废弃物渗出、泄漏。

第二十条　向环境排放经过处理的畜禽养殖废弃物，应当符合国家和地方规定的污染物排放标准和总量控制指标。畜禽养殖废弃物未经处理，不得直接向环境排放。

第二十一条　染疫畜禽及染疫畜禽排泄物、染疫畜禽产品、病死或者死因不明的畜禽尸体等病害畜禽养殖废弃物，应当按照有关法律、法规和国务院农牧主管部门的规定，进行深埋、化制、焚烧等无害化处理，不得随意处置。

第二十二条　畜禽养殖场、养殖小区应当定期将畜禽养殖品种、规模及畜禽养殖废弃物的产生、排放和综合利用等情况，报县级人民政府环境保护主管部门备案。环境保护主管部门应当定期将备案情况抄送同级农牧主管部门。

第二十三条　县级以上人民政府环境保护主管部门应当依据职责对畜禽养殖污染防治情况进行监督检查，并加强对畜禽养殖环境污染的监测。

乡镇人民政府、基层群众自治组织发现畜禽养殖环境污染行为的，应当及时制止和报告。

第二十四条　对污染严重的畜禽养殖密集区域，市、县人民政府应当制订综合整治方案，采取组织建设畜禽养殖废弃物综合利用和无害化处理设施、有计划搬迁或者关闭畜禽养殖场所等措施，对畜禽养殖污染进行治理。

第二十五条　因畜牧业发展规划、土地利用总体规划、城乡规划调整及划定禁止养殖区域，或者因对污染严重的畜禽养殖密集区域进行综合整治，确需关闭或者搬迁现有畜禽养殖场所，致使畜禽养殖者遭受经济损失的，由县级以上地方人民政府依法予以补偿。

第四章　激 励 措 施

第二十六条　县级以上人民政府应当采取示范奖励等措施，扶持规模化、标准化畜禽养殖，支持畜禽养殖场、养殖小区进行标准化改造和污染防治设施建设与改造，鼓励分散饲养向集约饲养方式转变。

第二十七条　县级以上地方人民政府在组织编制土地利用总体规划过程中，应当统筹安排，将规模化畜禽养殖用地纳入规划，落实养殖用地。

国家鼓励利用废弃地和荒山、荒沟、荒丘、荒滩等未利用地开展规模化、标准化畜禽养殖。

畜禽养殖用地按农用地管理，并按照国家有关规定确定生产设施用地和必要的污染防治等附属设施用地。

第二十八条　建设和改造畜禽养殖污染防治设施，可以按照国家规定申请包括污染治理贷款贴息补助在内的环境保护等相关资金支持。

第二十九条　进行畜禽养殖污染防治，从事利用畜禽养殖废弃物进行有机肥产品生产经营等畜禽养殖废弃物综合利用活动的，享受国家规定的相关税收优惠政策。

第三十条　利用畜禽养殖废弃物生产有机肥产品的，享受国家关于化肥运力安排等支持政策；购买使用有机肥产品的，享受不低于国家关于化肥的使用补贴等优惠政策。

畜禽养殖场、养殖小区的畜禽养殖污染防治设施运行用电执行农业用电价格。

第三十一条　国家鼓励和支持利用畜禽养殖废弃物进行沼气发电，自发自用、多余电量接入电网。电网企业应当依照法律和国家有关规定为沼气发电提供无歧视的电网接入服务，并全额收购其电网覆盖范围内符合并网技术标准的多余电量。

利用畜禽养殖废弃物进行沼气发电的，依法享受国家规定的上网电价优惠政策。利用畜禽养殖废弃物制取沼气或进而制取天然气的，依法享受新能源优惠政策。

第三十二条　地方各级人民政府可以根据本地区实际，对畜禽养殖场、养殖小区支出的建设项目环境影响咨询费用给予补助。

第三十三条　国家鼓励和支持对染疫畜禽、病死或者死因不明畜禽尸体进行集中无害化处理，并按照国家有关规定对处理费用、养殖损失给予适当补助。

第三十四条 畜禽养殖场、养殖小区排放污染物符合国家和地方规定的污染物排放标准和总量控制指标，自愿与环境保护主管部门签订进一步削减污染物排放量协议的，由县级人民政府按照国家有关规定给予奖励，并优先列入县级以上人民政府安排的环境保护和畜禽养殖发展相关财政资金扶持范围。

第三十五条 畜禽养殖户自愿建设综合利用和无害化处理设施、采取措施减少污染物排放的，可以依照本条例规定享受相关激励和扶持政策。

第五章 法 律 责 任

第三十六条 各级人民政府环境保护主管部门、农牧主管部门及其他有关部门未依照本条例规定履行职责的，对直接负责的主管人员和其他直接责任人员依法给予处分；直接负责的主管人员和其他直接责任人员构成犯罪的，依法追究刑事责任。

第三十七条 违反本条例规定，在禁止养殖区域内建设畜禽养殖场、养殖小区的，由县级以上地方人民政府环境保护主管部门责令停止违法行为；拒不停止违法行为的，处 3 万元以上 10 万元以下的罚款，并报县级以上人民政府责令拆除或者关闭。在饮用水水源保护区建设畜禽养殖场、养殖小区的，由县级以上地方人民政府环境保护主管部门责令停止违法行为，处 10 万元以上 50 万元以下的罚款，并报经有批准权的人民政府批准，责令拆除或者关闭。

第三十八条 违反本条例规定，畜禽养殖场、养殖小区依法应当进行环境影响评价而未进行的，由有权审批该项目环境影响评价文件的环境保护主管部门责令停止建设，限期补办手续；逾期不补办手续的，处 5 万元以上 20 万元以下的罚款。

第三十九条 违反本条例规定，未建设污染防治配套设施或者自行建设的配套设施不合格，也未委托他人对畜禽养殖废弃物进行综合利用和无害化处理，畜禽养殖场、养殖小区即投入生产、使用，或者建设的污染防治配套设施未正常运行的，由县级以上人民政府环境保护主管部门责令停止生产或者使用，可以处 10 万元以下的罚款。

第四十条 违反本条例规定，有下列行为之一的，由县级以上地方人民政府环境保护主管部门责令停止违法行为，限期采取治理措施消除污染，依照《中华人民共和国水污染防治法》《中华人民共和国固体废物污染环境防治法》的有关规定予以处罚：

（一）将畜禽养殖废弃物用作肥料，超出土地消纳能力，造成环境污染的。

（二）从事畜禽养殖活动或者畜禽养殖废弃物处理活动，未采取有效措施，导致畜禽养殖废弃物渗出、泄漏的。

第四十一条　排放畜禽养殖废弃物不符合国家或者地方规定的污染物排放标准或者总量控制指标，或者未经无害化处理直接向环境排放畜禽养殖废弃物的，由县级以上地方人民政府环境保护主管部门责令限期治理，可以处 5 万元以下的罚款。县级以上地方人民政府环境保护主管部门做出限期治理决定后，应当会同同级人民政府农牧等有关部门对整改措施的落实情况及时进行核查，并向社会公布核查结果。

第四十二条　未按照规定对染疫畜禽和病害畜禽养殖废弃物进行无害化处理的，由动物卫生监督机构责令无害化处理，所需处理费用由违法行为人承担，可以处 3000 元以下的罚款。

第六章　附　　则

第四十三条　畜禽养殖场、养殖小区的具体规模标准由省级人民政府确定，并报国务院环境保护主管部门和国务院农牧主管部门备案。

第四十四条　本条例自 2014 年 1 月 1 日起施行。

附录 D　病死动物无害化处理技术规范

为规范病死动物尸体及相关动物产品无害化处理操作技术，预防重大动物疫病，维护动物产品质量安全，依据《中华人民共和国动物防疫法》及有关法律法规制定本规范。

1. 适用范围

本规范规定了病死动物尸体及相关动物产品无害化处理方法的技术工艺和操作注意事项，以及在处理过程中包装、暂存、运输、人员防护和无害化处理记录要求。

2. 引用规范和标准

《中华人民共和国动物防疫法》（2007 年主席令第 71 号）

《动物防疫条件审查办法》（农业部令 2010 年第 7 号）

《病死及死因不明动物处置办法（试行）》（农医发〔2005〕25 号）

GB 16548　病害动物和病害动物产品生物安全处理规程

GB 19217　医疗废物转运车技术要求（试行）

GB 18484　危险废物焚烧污染控制标准

GB 18597　危险废物贮存污染控制标准

GB 16297　大气污染物综合排放标准

GB 14554　恶臭污染物排放标准

GB 8978　污水综合排放标准

GB 5085.3　危险废物鉴别标准

GB/T 16569　畜禽产品消毒规范

GB 19218　医疗废物焚烧炉技术要求（试行）

GB/T 19923　城市污水再生利用工业用水水质

当上述标准和文件被修订时，应使用其最新版本。

3. 术语和定义

3.1　无害化处理

本规范所称无害化处理，是指用物理、化学等方法处理病死动物尸体及相关动物产品，消灭其所携带的病原体，消除动物尸体危害的过程。

3.2　焚烧法

焚烧法是指在焚烧容器内，使动物尸体及相关动物产品在富氧或无氧条件下进行氧化反应或热解反应的方法。

3.3　化制法

化制法是指在密闭的高压容器内，通过向容器夹层或容器通入高温饱和蒸汽，在干热、压力或高温、压力的作用下，处理动物尸体及相关动物产品的方法。

3.4　掩埋法

掩埋法是指按照相关规定，将动物尸体及相关动物产品投入化尸窖或掩埋坑中并覆盖、消毒，发酵或分解动物尸体及相关动物产品的方法。

3.5 发酵法

发酵法是指将动物尸体及相关动物产品与稻糠、木屑等辅料按要求摆放，利用动物尸体及相关动物产品产生的生物热或加入特定生物制剂，发酵或分解动物尸体及相关动物产品的方法。

4. 无害化处理方法

4.1 焚烧法

4.1.1 直接焚烧法

4.1.1.1 技术工艺

4.1.1.1.1 可视情况对动物尸体及相关动物产品进行破碎预处理。

4.1.1.1.2 将动物尸体及相关动物产品或破碎产物，投至焚烧炉本体燃烧室，经充分氧化、热解，产生的高温烟气进入二燃室继续燃烧，产生的炉渣经出渣机排出。燃烧室温度应≥850℃。

4.1.1.1.3 二燃室出口烟气经余热利用系统、烟气净化系统处理后达标排放。

4.1.1.1.4 焚烧炉渣与除尘设备收集的焚烧飞灰应分别收集、储存和运输。焚烧炉渣按一般固体废物处理；焚烧飞灰和其他尾气净化装置收集的固体废物如属于危险废物，则按危险废物处理。

4.1.1.2 操作注意事项

4.1.1.2.1 严格控制焚烧进料频率和重量，使物料能够充分与空气接触，保证完全燃烧。

4.1.1.2.2 燃烧室内应保持负压状态，避免焚烧过程中发生烟气泄露。

4.1.1.2.3 燃烧所产生的烟气从最后的助燃空气喷射口或燃烧器出口到换热面或烟道冷风引射口之间的停留时间应≥2s。

4.1.1.2.4 二燃室顶部设紧急排放烟囱，应急时开启。

4.1.1.2.5 应配备充分的烟气净化系统，包括喷淋塔、活性炭喷射吸附、除尘器、冷却塔、引风机和烟囱等，焚烧炉出口烟气中氧含量应为6%～10%（干气）。

4.1.2 炭化焚烧法

4.1.2.1 技术工艺

4.1.2.1.1 将动物尸体及相关动物产品投至热解炭化室，在无氧情况下经充分热解，产生的热解烟气进入燃烧（二燃）室继续燃烧，产生的固体炭化物残渣经热解炭化室排出。热解温度应≥600℃，燃烧（二燃）室温度≥1100℃，焚烧后烟气在1100℃以上停留时间≥2s。

4.1.2.1.2 烟气经过热解炭化室热能回收后，降至600℃左右进入排烟管道。烟气经过湿式冷却塔进行"急冷"和"脱酸"后进入活性炭吸附和除尘器，最后达标后排放。

4.1.2.2 注意事项

4.1.2.2.1 应检查热解炭化系统的炉门密封性，以保证热解炭化室的隔氧状态。

4.1.2.2.2 应定期检查和清理热解气输出管道，以免发生阻塞。

4.1.2.2.3 热解炭化室顶部需设置与大气相连的防爆口，热解炭化室内压力过大时可自动开启泄压。

4.1.2.2.4 应根据处理物种类、体积等严格控制热解的温度、升温速度及物料在热解炭化室里的停留时间。

4.2 化制法

4.2.1 干化法

4.2.1.1 技术工艺

4.2.1.1.1 可视情况对动物尸体及相关动物产品进行破碎预处理。

4.2.1.1.2 将动物尸体及相关动物产品或破碎产物输送入高温高压容器。

4.2.1.1.3 处理物中心温度≥140℃，压力≥0.5MPa（绝对压力），时间≥4h（具体处理时间随需处理动物尸体及相关动物产品或破碎产物种类和体积大小而设定）。

4.2.1.1.4 加热烘干产生的热蒸汽经废气处理系统后排出。

4.2.1.1.5 加热烘干产生的动物尸体残渣传输至压榨系统

处理。

4.2.1.2　操作注意事项

4.2.1.2.1　搅拌系统的工作时间应以烘干剩余物基本不含水分为宜,根据处理物量的多少,适当延长或缩短搅拌时间。

4.2.1.2.2　应使用合理的污水处理系统,有效去除有机物、氨氮,达到国家规定的排放要求。

4.2.1.2.3　应使用合理的废气处理系统,有效吸收处理过程中动物尸体腐败产生的恶臭气体,使废气排放符合国家相关标准。

4.2.1.2.4　高温高压容器操作人员应符合相关专业要求。

4.2.1.2.5　处理结束后,需对墙面、地面及其相关工具进行彻底清洗消毒。

4.2.2　湿化法

4.2.2.1　技术工艺

4.2.2.1.1　可视情况对动物尸体及相关动物产品进行破碎预处理。

4.2.2.1.2　将动物尸体及相关动物产品或破碎产物送入高温高压容器,总质量不得超过容器总承受力的4/5。

4.2.2.1.3　处理物中心温度≥135℃,压力≥0.3MPa(绝对压力),处理时间≥30min(具体处理时间随需处理动物尸体及相关动物产品或破碎产物种类和体积大小而设定)。

4.2.2.1.4　高温高压结束后,对处理物进行初次固液分离。

4.2.2.1.5　固体物经破碎处理后,送入烘干系统;液体部分送入油水分离系统处理。

4.2.2.2　操作注意事项

4.2.2.2.1　高温高压容器操作人员应符合相关专业要求。

4.2.2.2.2　处理结束后,需对墙面、地面及其相关工具进行彻底清洗消毒。

4.2.2.2.3　冷凝排放水应冷却后排放,产生的废水应经污水处理系统处理达标后排放。

4.2.2.2.4　处理车间废气应通过安装自动喷淋消毒系统、排风系统和高效微粒空气过滤器(HEPA过滤器)等进行处理,达标后排放。

4.3 掩埋法

4.3.1 直接掩埋法

4.3.1.1 选址要求

4.3.1.1.1 应选择地势高燥，处于下风向的地点。

4.3.1.1.2 应远离动物饲养厂（饲养小区）、动物屠宰加工场所、动物隔离场所、动物诊疗场所、动物和动物产品集贸市场、生活饮用水源地。

4.3.1.1.3 应远离城镇居民区、文化教育科研等人口集中区域、主要河流及公路、铁路等主要交通干线。

4.3.1.2 技术工艺

4.3.1.2.1 掩埋坑体容积以实际处理动物尸体及相关动物产品数量确定。

4.3.1.2.2 掩埋坑底应高出地下水位 1.5m 以上，要防渗、防漏。

4.3.1.2.3 坑底洒一层厚度为 2~5cm 的生石灰或漂白粉等消毒药。

4.3.1.2.4 将动物尸体及相关动物产品投入坑内，最上层距离地表 1.5m 以上。

4.3.1.2.5 生石灰或漂白粉等消毒药消毒。

4.3.1.2.6 覆盖距地表 20~30cm，厚度不少于 1~1.2m 的覆土。

4.3.1.3 操作注意事项

4.3.1.3.1 掩埋覆土不要太实，以免腐败产气造成气泡冒出和液体渗漏。

4.3.1.3.2 掩埋后，在掩埋处设置警示标识。

4.3.1.3.3 掩埋后，第一周内应每日巡查 1 次，第二周起应每周巡查 1 次，连续巡查 3 个月，掩埋坑塌陷处应及时加盖覆土。

4.3.1.3.4 掩埋后，立即用氯制剂、漂白粉或生石灰等消毒药对掩埋场所进行 1 次彻底消毒。第一周内应每日消毒 1 次，第二周起应每周消毒 1 次，连续消毒 3 周以上。

4.3.2　化尸窖

4.3.2.1　选址要求

4.3.2.1.1　畜禽养殖场的化尸窖应结合本场地形特点，宜建在下风向。

4.3.2.1.2　乡镇、村的化尸窖选址应选择地势较高，处于下风向的地点。应远离动物饲养厂（饲养小区）、动物屠宰加工场所、动物隔离场所、动物诊疗场所、动物和动物产品集贸市场、泄洪区、生活饮用水源地；应远离居民区、公共场所，以及主要河流、公路、铁路等主要交通干线。

4.3.2.2　技术工艺

4.3.2.2.1　化尸窖应为砖和混凝土，或者钢筋和混凝土密闭结构，应防渗防漏。

4.3.2.2.2　在顶部设置投置口，并加盖密封加双锁；设置异味吸附、过滤等除味装置。

4.3.2.2.3　投放前，应在化尸窖底部铺洒一定量的生石灰或消毒液。

4.3.2.2.4　投放后，投置口密封加盖加锁，并对投置口、化尸窖及周边环境进行消毒。

4.3.2.2.5　当化尸窖内动物尸体达到容积的3/4时，应停止使用并密封。

4.3.2.3　注意事项

4.3.2.3.1　化尸窖周围应设置围栏、设立醒目警示标志及专业管理人员姓名和联系电话公示牌，应实行专人管理。

4.3.2.3.2　应注意化尸窖维护，发现化尸窖破损、渗漏应及时处理。

4.3.2.3.3　当封闭化尸窖内的动物尸体完全分解后，应当对残留物进行清理，清理出的残留物进行焚烧或者掩埋处理，化尸窖池进行彻底消毒后，方可重新启用。

4.4　发酵法

4.4.1　技术工艺

4.4.1.1　发酵堆体结构形式主要分为条垛式和发酵池式。

4.4.1.2 处理前，在指定场地或发酵池底铺设 20cm 厚辅料。

4.4.1.3 辅料上平铺动物尸体或相关动物产品，厚度≤20cm。

4.4.1.4 覆盖 20cm 辅料，确保动物尸体或相关动物产品全部被覆盖。堆体厚度随需处理动物尸体和相关动物产品数量而定，一般控制在 2～3m。

4.4.1.5 堆肥发酵堆内部温度 ≥54℃，一周后翻堆，3 周后完成。

4.4.1.6 辅料为稻糠、木屑、秸秆、玉米芯等混合物，或为在稻糠、木屑等混合物中加入特定生物制剂预发酵后产物。

4.4.2 操作注意事项

4.4.2.1 因重大动物疫病及人畜共患病死亡的动物尸体和相关动物产品不得使用此种方式进行处理。

4.4.2.2 发酵过程中，应做好防雨措施。

4.4.2.3 条垛式堆肥发酵应选择平整、防渗地面。

4.4.2.4 应使用合理的废气处理系统，有效吸收处理过程中动物尸体和相关动物产品腐败产生的恶臭气体，使废气排放符合国家相关标准。

5. 收集运输要求

5.1 包装

5.1.1 包装材料应符合密闭、防水、防渗、防破损、耐腐蚀等要求。

5.1.2 包装材料的容积、尺寸和数量应与需处理动物尸体及相关动物产品的体积、数量相匹配。

5.1.3 包装后应进行密封。

5.1.4 使用后，一次性包装材料应做销毁处理，可循环使用的包装材料应进行清洗消毒。

5.2 暂存

5.2.1 采用冷冻或冷藏方式进行暂存，防止无害化处理前动物尸体腐败。

5.2.2 暂存场所应能防水、防渗、防鼠、防盗，易于清洗和消毒。

5.2.3 暂存场所应设置明显警示标识。

5.2.4 应定期对暂存场所及周边环境进行清洗消毒。

5.3 运输

5.3.1 选择专用的运输车辆或封闭厢式运载工具，车厢四壁及底部应使用耐腐蚀材料，并采取防渗措施。

5.3.2 车辆驶离暂存、养殖等场所前，应对车轮及车厢外部进行消毒。

5.3.3 运载车辆应尽量避免进入人口密集区。

5.3.4 若运输途中发生渗漏，应重新包装、消毒后运输。

5.3.5 卸载后，应对运输车辆及相关工具等进行彻底清洗、消毒。

6. 其他要求

6.1 人员防护

6.1.1 动物尸体的收集、暂存、装运、无害化处理操作的工作人员应经过专门培训，掌握相应的动物防疫知识。

6.1.2 工作人员在操作过程中应穿戴防护服、口罩、护目镜、胶鞋及手套等防护用具。

6.1.3 工作人员应使用专用的收集工具、包装用品、运载工具、清洗工具、消毒器材等。

6.1.4 工作完毕后，应对一次性防护用品做销毁处理，对循环使用的防护用品消毒处理。

6.2 记录要求

6.2.1 病死动物的收集、暂存、装运、无害化处理等环节应建有台账和记录。有条件的地方应保存运输车辆行车信息和相关环节视频记录。

6.2.2 台账和记录

6.2.2.1 暂存环节

6.2.2.1.1 接收台账和记录应包括病死动物及相关动物产品来源场（户）、种类、数量、动物标识号、死亡原因、消毒方法、收集时间、经手人员等。

6.2.2.1.2 运出台账和记录应包括运输人员、联系方式、运输时间、车牌号、病死动物及产品种类、数量、动物标识号、消毒方法、运输目的地及经手人员等。

6.2.2.2 处理环节

6.2.2.2.1 接收台账和记录应包括病死动物及相关动物产品来源、种类、数量、动物标识号、运输人员、联系方式、车牌号、接收时间及经手人员等。

6.2.2.2.2 处理台账和记录应包括处理时间、处理方式、处理数量及操作人员等。

6.2.3 涉及病死动物无害化处理的台账和记录至少要保存两年。

参 考 文 献

［1］中国养殖业可持续发展战略研究项目组. 中国养殖业可持续发展战略研究：环境污染防治卷［M］. 北京：中国农业出版社，2013.

［2］魏祥法，王月明. 柴鸡安全生产技术指南［M］. 北京：中国农业出版社，2012.

［3］魏刚才. 鸡场环境改善和控制技术［M］. 北京：化学工业出版社，2009.

［4］薛新宇. 畜禽养殖环境控制技术与发展展望［J］. 中华卫生杀虫药械，2008，14（6）：502-504.

［5］徐立荣. 浅谈猪养殖场绿化植物配置［J］. 农业与技术，2015，35（7）：153-154.

［6］武英，成建国. 生猪标准化规模养殖技术［M］. 北京：金盾出版社，2014.

［7］杜雪晴，廖新俤. 病死畜禽无害化处理主要技术与设施［J］. 中国家禽，2014，36（5）：45-47.

［8］续彦龙，王丽丽，龚改林，等. 堆肥法无害化处理染疫动物尸体的研究进展［J］. 畜牧与兽医，2015，47（4）：138-141.

［9］康冬柳，曾桂根，朱淑琴，等. 仓箱式堆肥发酵法处理病死猪试点情况初报［J］. 江西畜牧兽医杂志，2014（6）：22-23.

［10］隋士元，许结红，胡俊苗. 宜昌高温生物降解无害化处理技术应用与推广［J］. 中国畜牧业，2013（15）：30-31.

［11］周开锋. 几种病死猪生物降解技术应用实效分析［J］. 猪业科学，2013（10）：46-49.

［12］甘福丁，谢列先，李勇江. 中型沼气工程建设工艺技术研究［J］. 现代农业科技，2012（1）：251-253.

［13］唐雪梦，陈理，董仁杰，等. 北京市大中型沼气工程调研分析与建议［J］. 农机化研究，2012（3）：206-211.

［14］林聪，周孟津，张榕林. 养殖场沼气工程实用技术［M］. 北

京：化学工业出版社，2010.

［15］王九成，李济生. 沼气工程设计施工新技术、新工艺实用手册
［M］. 北京：中国农业出版社，2006.

［16］邓良伟. 沼气工程［M］. 北京：科学出版社，2015.

［17］全国畜牧总站体系建设与推广处. 鸡场粪污处理主推技术
［N］. 山东科技报，2014-2-10（7）.

［18］闫红军，杨和平，任建存. 规模化牛场粪污的处理方法与技术
［J］. 家畜生态学报，2013，34（4）：69-71.

［19］林清，昝林森. 规模化牛场粪污无害化处理及资源化利用方法
探讨［J］. 家畜生态学报，2011，32（1）：73-75.

［20］张庆东，耿如林，戴晔. 规模化猪场清粪工艺比选分析［J］.
中国畜牧兽医，2013，40（2）：232-235.

［21］秦田. 用鸡粪生产有机肥工艺技术探讨［J］. 中国禽业导刊，
2006，23（22）：11-13.

［22］曾祥平，郭曦，邓佳，等. 猪粪无害化处理及资源化利用研究
［J］. 四川农业与农机，2010（1）：30-34.

［23］王锁民，王德慧，庄瑞含. 猪粪有机肥加工技术［J］. 猪业科
学，2007（9）：35-36.

［24］张克强，高怀友. 畜禽养殖业污染物处理与处置［M］. 北京：
化学工业出版社，2004.

［25］李福伟，李淑青. 高效养蛋鸡［M］. 北京：机械工业出版
社，2015.

畅销
4万册

书号：978-7-111-44089-5

定价：26.80

畅销
4万册

书号：978-7-111-43629-4

定价：25.00

全彩印刷

书号：978-7-111-52646-9

定价：39.80

全彩印刷

书号：978-7-111-53871-4

定价：39.80

全彩印刷

书号：978-7-111-48042-6

定价：35.00

全彩精装

书号：978-7-111-44272-1

定价：49.80

书号：978-7-111-44268-4

定价：26.80

书号：978-7-111-46719-9

定价：19.90

全彩精装

书号：978-7-111-49261-0

定价：59.8 元

书号：978-7-111-52000-9

定价：19.8 元

书号：978-7-111-50355-2

定价：26.8 元

书号：978-7-111-45463-2

定价：26.8 元

书号：978-7-111-45113-6

定价：25 元

养猪一本通

书号：978-7-111-44264-6

定价：25 元

123幅彩图
390个问题

书号：978-7-111-46550-8

定价：25 元

书号：978-7-111-46787-8

定价：19.9 元

畅销
3万册

书号：978-7-111-45467-0
定价：25.00

书号：978-7-111-50354-5
定价：25.00

书号：978-7-111-49781-3
定价：26.80

书号：978-7-111-48375-5
定价：26.8

山羊养
殖一本通

书号：978-7-111-49325-9
定价：29.9

书号：978-7-111-52787-9
定价：22.8

全彩精装

书号：978-7-111-53838-7
定价：59.8

书号：978-7-111-45863-0
定价：26.8